U0187708

诚然，人类需要一些注重实际的人，他们能够为了自己利益而努力做好自己的事情，同时也没有忽略大众的利益。但是人类也需要理想主义者，他们无私地追求一个目标，如痴如迷，简直就无暇顾及自己个人的物质利益。这样的理想主义者当然不会成为富人，因为他们根本就不想要财富。

——居里夫人

她一生中最伟大的科学功绩——证明放射性元素的存在并把它们分离出来——所以能取得，不仅仅是靠着大胆的直觉，而且也靠着在难以想象的极端困难情况下工作的热忱和顽强。这样的困难，在实验科学的历史中是罕见的。

居里夫人的品德力量和热忱，哪怕只要有一小部分存在于欧洲的知识分子中间，欧洲就会面临一个比较光明的未来。

——爱因斯坦

科学元典丛书·学生版

The Series of the Great Classics in Science

主　　编　　任定成

执行主编　　周雁翎

策　　划　　周雁翎

丛书主持　　陈　静　　张亚如

科学元典是科学史和人类文明史上划时代的丰碑，是人类文化的优秀遗产，是历经时间考验的不朽之作。它们不仅是伟大的科学创造的结晶，而且是科学精神、科学思想和科学方法的载体，具有永恒的意义和价值。

科学元典丛书·学生版

居里夫人文选

·学生版·

（附阅读指导、数字课程、思考题、阅读笔记）

[法] 玛丽·居里 著　　胡圣荣 周荃 译

北京大学出版社

PEKING UNIVERSITY PRESS

图书在版编目（CIP）数据

居里夫人文选：学生版/（法）玛丽·居里著；胡圣荣，周荃译.—北京：北京大学出版社，2021.4
（科学元典丛书）
ISBN 978-7-301-31952-9

Ⅰ.①居… Ⅱ.①玛…胡…③周… Ⅲ.①放射性物质—青少年读物②居里（Curie, Pierre 1859—1906）—传记—青少年读物③居里夫人（Curie, Marie 1867—1934）—传记—青少年读物 Ⅳ.①TL93-49②K835.656.13-49

中国版本图书馆 CIP 数据核字（2021）第 005127 号

书　　　名	居里夫人文选（学生版） JULI FUREN WENXUAN（XUESHENG BAN）
著作责任者	〔法〕玛丽·居里 著　胡圣荣　周荃 译
丛书主持	陈　静　张亚如
责任编辑	陈　静
标准书号	ISBN 978-7-301-31952-9
出版发行	北京大学出版社
地　　　址	北京市海淀区成府路 205 号　100871
网　　　址	http://www.pup.cn　新浪微博：@北京大学出版社
微信公众号	科学元典（微信公众号：kexueyuandian）
电子信箱	zyl@pup.pku.edu.cn
电　　　话	邮购部 010-62752015　发行部 010-62750672 编辑部 010-62707542
印刷者	北京中科印刷有限公司
经销者	新华书店
	787 毫米×1092 毫米　32 开本　7.25 印张　100 千字 2021 年 4 月第 1 版　2022 年 1 月第 2 次印刷
定　　　价	38.00 元

弁　言

Preface to the Series of the Great Classics in Science

任定成

中国科学院大学　教授

一

改革开放以来,我国人民生活质量的提高和生活方式的变化,使我们深切感受到技术进步的广泛和迅速。在这种强烈感受背后,是科技产出指标的快速增长。数据显示,我国的技术进步幅度、制造业体系的完整程度、专利数、论文数、论文被引次数,等等,都已经排在世界前列。但是,在一些核心关键技术的研发和战略性产品的生产方面，我国还比较落后。这说明，我国的技术进步赖以依靠的基础研究，亟待加强。为此，我国政府和科技界、教育界以及企业界，都在不断大声疾呼，要加强基础研究、加强基础教育！

那么，科学与技术是什么样的关系呢？不言而喻，科学是根，技术是叶。只有根深，才能叶茂。科学的目标是发现新现象、新物质、新规律和新原理，深化人类对世界的认识，为新技术的出现提供依据。技术的目标是利用科学原理，创造自然界原本没有的东西，直接为人类生产和生活服务。由此，科学和技术的分工就引出一个问题：如果我们充分利用他国的科学成果，把自己的精力都放在技术发明和创新上，岂不是更加省力？答案是否定的。这条路之所以行不通，就是因为现代技术特别是高新技术，都建立在最新的科学研究成果基础之上。试想一下，如果没有训练有素的量子力学基础研究队伍，哪里会有量子技术的突破呢？

那么，科学发现和技术发明，跟大学生、中学生和小学生又有什么关系呢？大有关系！在我们的教育体系中，技术教育主要包括工科、农科、医科，基础科学教育主要是指理科。如果我们将来从事科学研究,毫无疑问现在就要打好理科基础。如果我们将来是以工、农、医为业,现在打好理科基础,将来就更具创新能力、发展潜力和职业竞争力。如果我们将来做管理、服务、文学艺术等看似与科学技术无直接关系的工作,现在打好理科基础,就会有助于深入理解这个快速变化、高度技术化的社会。

我们现在要建设世界科技强国。科技强国"强"在哪里?不是"强"在跟随别人开辟的方向,或者在别人奠定的基础上,做一些模仿性的和延伸性的工作,并以此跟别人比指标、拼数量,而是要源源不断地贡献出影响人类文明进程的原创性成果。这是用任何现行的指标,包括诺贝尔奖项,都无法衡量的,需要培养一代又一代具有良好科学素养的公民来实现。

二

我国的高等教育已经进入普及化阶段,教育部门又在扩大专业硕士研究生的招生数量。按照这个趋势,对于高中和本科院校来说,大学生和硕士研究生的录取率将不再是显示办学水平的指标。可以预期,在不久的将来,大学、中学和小学的教育将进入内涵发展阶段,科学教育将更加重视提升国民素质,促进社会文明程度的提高。

公民的科学素养,是一个国家或者地区的公民,依据基本的科学原理和科学思想,进行理性思考并处理问题的能力。这种能力反映在公民的思维方式和行为方式上,而不是通过统计几十道测试题的答对率,或者统计全国统考成绩能够表征的。一些人可能在科学素养测评卷上答对全部问题,但经常求助装神弄鬼的"大师"和各种迷信,能说他们的科学素养高吗?

曾经,我们引进美国测评框架调查我国公民科学素养,推动"奥数"提高数学思维能力,参加"国际学生评估项目"(Programme for International Student Assessment,简称 PISA)测试,去争取科学素养排行榜的前列,这些做法在某些方面和某些局部的确起过积极作用,但是没有迹象表明,它们对提高全民科学素养发挥了大作用。题海战术,曾经是许多学校、教师和学生的制胜法宝,但是这个战术只适用于衡量封闭式考试效果,很难说是提升公民科学素养的有效手段。

为了改进我们的基础科学教育,破除题海战术的魔咒,我们也积极努力引进外国的教育思想、教学内容和教学方法。为了激励学生的好奇心和学习主动性,初等教育中加强了趣味性和游戏手段,但受到"用游戏和手工代替科学"的诟病。在中小学普遍推广的所谓"探究式教学",其科学观基础,是 20 世纪五六十年代流行的波普尔证伪主义,它把科学探究当成了一套固定的模式,实际上以另一种方式妨碍了探究精神的培养。近些年比较热闹的 STEAM 教学,希望把科学、技术、工程、艺术、数学融为一体,其愿望固然很美好,但科学课程并不是什么内容都可以糅到一起的。

在学习了很多、见识了很多、尝试了很多丰富多彩、眼花缭乱的"新事物"之后,我们还是应当保持定力,重新认识并倚重我们优良的教育传统:引导学生多读书,好读书,读好书,包括科学之书。这是一种基本的、行之有效的、永不过时的教育方式。在当今互联网时代,面对推送给我们的太多碎片化、娱乐性、不严谨、无深度的瞬时知识,我们尤其要静下心来,系统阅读,深入思考。我们相信,通过持之以恒的熟读与精思,一定能让读书人不读书的现象从年轻一代中消失。

三

科学书籍主要有三种:理科教科书、科普作品和科学经典著作。

教育中最重要的书籍就是教科书。有的人一辈子对科学的了解,都超不过中小学教材中的东西。有的人虽然没有认真读过理科教材,只是靠听课和写作业完成理科学习,但是这些课的内容是老师对教材的解读,作业是训练学生把握教材内容的最有效手段。好的学生,要学会自己阅读钻研教材,举一反三来提高科学素养,而不是靠又苦又累的题海战术来学习理科课程。

理科教科书是浓缩结晶状态的科学,呈现的是科学的结果,隐去了科学发现的过程、科学发展中的颠覆性变化、科学大师活生生的思想,给人枯燥乏味的感觉。能够弥补理科教科书欠缺的,首先就是科普作品。

学生可以根据兴趣自主选择科普作品。科普作品要赢得读者，内容上靠的是有别于教材的新材料、新知识、新故事；形式上靠的是趣味性和可读性。很少听说某种理科教科书给人留下特别深刻的印象，倒是一些优秀的科普作品往往影响人的一生。不少科学家、工程技术人员，甚至有些人文社会科学学者和政府官员，都有过这样的经历。

当然，为了通俗易懂，有些科普作品的表述不够严谨。在讲述科学史故事的时候，科普作品的作者可能会按照当代科学的呈现形式，比附甚至代替不同文化中的认识，比如把中国古代算学中算法形式的勾股关系，说成是古希腊和现代数学中公理化形式的"勾股定理"。除此之外，科学史故事有时候会带着作者的意识形态倾向，受到作者的政治、民族、派别利益等方面的影响，以扭曲的形式出现。

科普作品最大的局限，与教科书一样，其内容都是被作者咀嚼过的精神食品，就失去了科学原本的味道。

原汁原味的科学都蕴含在科学经典著作中。科学经典著作是对某个领域成果的系统阐述，其中，经过长时间历史检验，被公认为是科学领域的奠基之作、划时代里程碑、为人类文明做出巨大贡献者，被称为科学元典。科学元典是最重要的科学经典，是人类历史上最杰出的科学家撰写的，反映其独一无二的科学成就、科学思想和科学方法的作品，值得后人一代接一代反复品味、常读常新。

科学元典不像科普作品那样通俗，不像教材那样直截了当，但是，只要我们理解了作者的时代背景，熟悉了作者的话语体系和语境，就能领会其中的精髓。历史上一些重要科学家、政治家、企业家、人文社会学家，都有通过研读科学元典而从中受益者。在当今科技发展日新月异的时代，孩子们更需要这种科学文明的乳汁来滋养。

现在，呈现在大家眼前的这套"科学元典丛书"，是专为青少年学生打造的融媒体丛书。每种书都选取了原著中的精华篇章，增加了名家阅读指导，书后还附有延伸阅读书目、思考题和阅读笔记。特别值得一提的是，用手机扫描书中的二维码，还可以收听相关音频课程。这套丛书为学习繁忙的青少年学生顺利阅读和理解科学元典,提供了很好的入门途径。

四

据 2020 年 11 月 7 日出版的医学刊物《柳叶刀》第 396 卷第 10261 期报道,过去 35 年里,19 岁中国人平均身高男性增加 8 厘米、女性增加 6 厘米,增幅在 200 个国家和地区中分别位列第一和第三。这与中国人近 35 年营养状况大大改善不无关系。

一位中国企业家说,让穷孩子每天能吃上二两肉,也许比修些大房子强。他的意思,是在强调为孩子提供好的物质营养来提升身体素养的重要性。其实,选择教育内容也是一样的道理,给孩子提供高营养价值的精神食粮,对提升孩子的综合素养特别是科学素养十分重要。

理科教材就如谷物,主要为我们的科学素养提供足够的糖类。科普作品好比蔬菜、水果和坚果,主要为我们的科学素养提供维生素、微量元素和矿物质。科学元典则是科学素养中的"肉类",主要为我们的科学素养提供蛋白质和脂肪。只有营养均衡的身体,才是健康的身体。因此,理科教材、科普作品和科学元典,三者缺一不可。

长期以来,我国的大学、中学和小学理科教育,不缺"谷物"和"蔬菜瓜果",缺的是富含脂肪和蛋白质的"肉类"。现在,到了需要补充"脂肪和蛋白质"的时候了。让我们引导青少年摒弃浮躁,潜下心来,从容地阅读和思考,将科学元典中蕴含的科学知识、科学思想、科学方法和科学精神融会贯通,养成科学的思维习惯和行为方式,从根本上提高科学素养。

我们坚信,改进我们的基础科学教育,引导学生熟读精思三类科学书籍,一定有助于培养科技强国的一代新人。

2020 年 11 月 30 日

北京玉泉路

目 录

下篇　学习资源

上　篇

阅读指导
Guide Readings

居里夫人研究放射性物质的背景

伟大的心灵

居里夫人研究放射性物质的背景

杨建邺

华中科技大学 教授

　　《居里夫人文选》主要由居里夫人先后写的三部作品汇编而成:一是她1903年向巴黎大学提交的博士论文《放射性物质的研究》;二是她在1923年撰写的《居里传》;三是应美国记者、社会活动家麦隆内夫人之请而写的《自传》,也是1923年写的。此外,该书还增加了几个附录,对读者具有重要的参考价值。

　　博士论文和传记是两种体裁和内容完全不同的作品,前者是科学研究论文,重点是论述实验原理、实验方法、实验数据和数据分析以及由此得到的实验结果及其价值等。而传记是为了给并不一定受过专业训练的读者看的,侧重点是传主的生活经历,虽然也介绍一些科学背景、研究方法等科学研究的内容,但一般比较简略和通俗。

现在,北京大学出版社把这三部作品汇集在一起出版,这就满足了各种不同读者的需要,也无疑会使我们对居里夫妇有更加深入的理解,对广大读者来说这无疑是一件幸事。不过,需要特别强调的是,其中的博士论文《放射性物质的研究》是国内首次翻译成中文。

由于居里夫人的生平在其《自传》和《居里传》中都交代得非常清楚,而且是第一手文献,所以本文对这方面的内容不再赘述,仅就其在放射性物质研究方面的相关学术背景作一简介。

19世纪末,正当物理学家们为经典物理学的辉煌胜利举杯祝贺时,也正当一部分科学家宣称物理学的大厦已经最终建成之时,从1895年(正是玛丽和皮埃尔结婚的那一年)起,一系列从未预料到的伟大发现突然迅速地相继涌现。首先是1895年12月德国物理学家伦琴(W. G. Röntgen,1845—1923,1901年获诺贝尔物理学奖)发现X射线;接着,法国物理学家贝克勒尔(A. H. Becquerel,1852—1908)于1896年3月发现铀元素的天然放射性;再过一年,英国物理学家汤姆逊(J. J. Thomson,1856—1940,1906 年获得诺贝尔物理学奖)又发现了电子……这一系列的发现,在物理学家、化学家面前展示出了一个光怪陆离、变幻莫测的神奇世界,它们完全不能用传统的科学信条来解释。以前,人们认为原子是不可分的、最基本的物质单位,现在却出现了比原子更"基本"的电子! 以前,物质质量不能自行改变也是信条之一,现在铀元素的质量却在天然辐射中自动减少! ……还有许许多多新的发现,都在冲击着经典物理学大厦的根基,一场激动人心的物理学革命正在酝酿之中。在这激动人心时代到来之时,玛丽和皮埃尔正处在大潮的发祥地欧洲,他们毫不迟疑地投入到这一大潮之中。

由于他们选择的研究方向与铀的天然放射性有关,所以我们着重谈一谈这方面的研究进展。1896 年 3 月至 5 月,贝克勒尔发现一种人们从未研究过的新射线,其射线源就是铀元素。在 5 月 18 日的报告中他指出:

我研究过的铀盐,无论是发磷光的或是不发磷光的,结晶的、溶解的或是放在溶液中的,都具有相同的性质。这使我得到下面的结论:在这些盐中,与其他成分相比,铀的存在是更重要的因素。……用铀粉进行的实验证明了这个假设。

贝克勒尔射线的发现,对经典物理学的震动很大。经典物理学认为,原子如果存在的话,就一定是最小而又不能再分割的粒子,现在铀原子却可以不断地放射出一种射线来,这真是令人惊诧万分;更使人感到迷惑的是铀盐不断放出射线来,射线是带有能量的,这能量从哪里来?能量守恒定律会因此遭到破坏吗? 物理学家们忧虑重重。一位物理学家问英国著名物理学家瑞利(J. W. S. Rayleigh,1842—1919,1904 年获诺贝尔物理学奖):

"如果贝克勒尔的发现是真的,那么能量守恒定律岂不遭到了破坏?"

瑞利十分幽默地回答说:

"更糟糕的是我完全相信贝克勒尔是一位值得信赖的观察者。"

此后,贝克勒尔对铀射线继续做了几年研究,但未

能取得实质上的进展,这是他自己受到一种不正确思想指导的结果。对此,他后来不无遗憾地说:

"因为新射线是通过铀认识的,所以我有一种先验的观点,认为其他已知物体不可能有更大的放射性,于是,对这个新现象普遍性的研究,似乎不如研究其本质那么迫切。"

对放射性现象研究做出新贡献的是居里夫妇。

贝克勒尔的发现报导后,并没有像 X 射线的发现那样在科学界引起轰动。对此,派斯(Abraham Pais,1918—2000)在他的《基本粒子物理学史》一书中指出:

> 贝克勒尔射线的发现不像伦琴射线的发现那样引起轰动,新闻界根本没有注意到这一发现。连贝克勒尔自己不久都把注意力转移到塞曼效应上了。1897 年在这个领域里只有开尔文和 S.汤普森等人写过几篇论文。然而更重要的是,那年有两位年轻人开始认真考虑贝克勒尔射线,他们就是玛丽·居里和卢瑟福。他们对于贝克勒尔射线的早期研究,标志着由他们所代表的一门新学科的

开始。

1897 年,居里夫人正面临如何选择博士论文课题的研究的困惑,她在大量文献中寻找她感兴趣的研究课题。在阅读了近几年的科学期刊后,居里夫人注意到了贝克勒尔教授的关于铀射线的论文。这种铀射线颇有点神秘,而且有一个问题她不明白:铀射线的能量从哪里来的?其实这个问题也是困扰贝克勒尔和许多科学家的一个问题。居里夫人觉得这个问题很值得研究,她写道:

当时,我和皮埃尔·居里对贝克勒尔在 1896 年发现的一种奇特现象产生了浓厚兴趣。

……

贝克勒尔还证实,铀射线的这种特性与铀化合物先前的存放情况无关,即使在黑暗中保存数个月,这种特性依然存在。这样就产生了一个问题:铀化合物持续地以辐射形式释放出能量(尽管数量不大),这种能量是从哪里来的呢?

我们非常关注这种现象。这种现象提出了一

个完全新的问题，还没有人对此做出过解释，我决定来研究这个问题。

她对皮埃尔说："研究这种现象对我好像特别有吸引力，它是全新的，但还没有人做过深入的研究。我决定承担这项研究工作。"她还说："为了超越贝克勒尔已经得到的成果，必须采用精确的定量方法。"

她决定以这个问题作为博士论文的研究课题。

居里夫人的决定聪明而又大胆。首先，这个能量来源的问题十分棘手，用已有的科学概念几乎无法对它做出解释，可是她偏偏选中这种难度大、内容新颖的研究课题，非大智大勇者不敢为也！其次，当时世界上还没有任何一个女人想要成为理科博士，她明白，要想同男人建立平起平坐的关系，她的论文必须有独特的内容和实质性的科研成果才能通过。再次，居里夫人意识到，贝克勒尔的重要发现尚未被人们重视，几乎还没有人做进一步研究，因此选这个题目作研究，取得成功的机会比较大。但与此相随的困难是：参考文献太少，几乎一切都得自己从头干起。居里夫人发现，除了贝克勒尔

1896 年提交的几篇学术报告以外，只有很少的几篇参考资料。

居里夫人自从 1898 年开始研究放射性，到 1903 年向巴黎大学提交博士论文《放射性物质的研究》，经历了 5 年时间；再到 1923 年出版《居里传》和《自传》，时间又过去了 20 年。这一时期正是原子物理学和原子核物理学迅猛发展的时期。

1898 年，J. J. 汤姆逊刚刚在一年前才发现电子的存在，对于原子核还一无所知，人们还不知道原子是由核和绕核旋转的电子组成。而我们现在知道，放射性现象是一种核物理现象，所以在居里夫人开始研究放射性的时候，她面临的研究对象基本上是一片混沌，其难度可想而知，认识上的错误也因此在所难免。在《放射性物质的研究》的"引言"中居里夫人写道：

如果说我们的主要问题在化学方面已经算是得到了解决的话，那么，对放射性物质物理性质的研究可以说才只是开了个头。诚然，已经形成了一些重要观点，但大多数结论还有待证实。考虑到放射性所产生的现象的复杂性,而不同放射性物质之间又存在着那样大的差异,目前这种情况也属正常。好些物理学家都在研究这几种物质,自然会有不谋而合,有时也会做同样的事情。在这篇论文报告中,我严格按照博士论文对篇幅的限制,只介绍我个人的研究工作,只是在必要时才不得不提到其他研究者的成果。

由于前面我们提到的她对贝克勒尔试验做了关键性的改进,所以在这年4月12日她递交给法国科学院第一篇关于铀射线论文时,她立即得到了三个重要的新观点:

其一,她不仅再一次证实了贝克勒尔关于铀有发射一种所谓"铀射线"的事实,而且发现了一个新的放射性物质——钍,她还指出"钍氧化物的放射性甚至比金属铀更强"。这一发现说明放射性不仅仅只与铀相关,因此她认为"铀射线"这一名称太狭窄,于是她引入了一个新的、更一般的名称"贝克勒尔射线",而且还引入了"放射性物质"这个词汇。

其二,更重要的是,居里夫人在这篇论文里得出的一个结论:"所有铀的化合物都具有放射性,一般说来放射性越强,化合物里的含铀量越多",这比贝克勒尔的结论("铀化合物发射新射线的能力是铀本身的一个性质")更加明晰。这个结论仍然没有触及本质,但是令人惊讶的是这年的12月(仅仅7个月时间!),在居里夫妇合作的第二篇论文里,他们这样提及她4月发表的论文:"我们当中的一个人(玛丽·居里)已经证明了放射性是单个原子的特性。"请读者注意,这是物理学上第一次明确地说明放射性涉及的是单个原子。英国物理学家索迪(F. Soddy,1877—1956,1921年获诺贝尔化学奖)在1920年还提醒人们注意:"玛丽的理论——放射性的活动是原子内部的特性。"

由此可以知道,正是由于放射性的研究,不但推动了化学研究,而且更重要的是为人类打开通向原子物理学和原子核物理学的大门。

其三,她发现两种富含铀氧化物的矿物放射性十分反常:"它们的放射性比铀本身的放射性还要大许多。这一事实非常值得注意,它使我们相信这些矿物质中含有一种比铀的放射性更强的元素。"由这一现象她做出一个大胆的推测：放射性是一种发现物质的新方法。后来，居里夫妇果然很快就利用这种新的方法，发现了两种新元素——钋和镭！

紧接着，居里夫妇在这年 7 月和 12 月又接连发表了两篇文章：《沥青铀矿中的一种新的放射性物质》和《沥青铀矿中的一种放射性很强的新物质》。在后一篇文章中他们指出："钋和镭的放射性比铀和钍大得多。照相底板在钋和镭的作用下 30 秒即得到极为清晰的影像，如果用铀和钍就需要几小时才能得到同样的结果。"

派斯曾经说："就居里夫妇的事业而言，1898 年是他们辉煌的一年。然而，还有更重要的工作等着他们去完成：通过艰苦的努力以阐明他们早期的发现。"

在这之后，居里夫妇在放射性化学方面取得了很大的成就。居里夫人在《放射性物质的研究》的"引言"中对这一点有明确的阐述：

　　我的这篇论文总结了我四年多来研究放射性物质所取得的结果。一开始，我研究的是贝克勒尔所发现的铀的磷光现象,研究取得的结果激发了我对另一项研究的兴趣。后来,皮埃尔·居里放下他手头的工作也来同我一起进行研究。我们的目的是要提取到新的放射性物质并研究它们的性质。

……

然而从化学的观点看,有一点是可以肯定的,一定还存在着一种放射性非常强的新元素,那就是镭。于是,制取镭的纯氯化物和测定镭的原子量就成了我工作的主要内容。当工作进行到可以断定在几种元素中确实混杂有一种肯定是具有非常奇特性质的新元素时,我马上意识到我应该改用一种新的化学研究方法。后来的事实证明,这个决定是正确的。这种新方法的依据,是认定放射性是物质的一种原子属性。正是使用这种方法,皮埃尔·居里和我才得以发现镭的存在。

由一种自然现象的研究,很快看出这一研究"将揭开一个非常有趣的领域",必须有非同一般的眼光,比如发现铀辐射的贝克勒尔就没有这种眼光。而居里夫人之所以有这种眼光,起源于她一开始就发现这种辐射不能仅仅用贝克勒尔的不定量的方法(照相底片感光方法)来研究,而应该利用辐射其他可以定量研究的效应来研究。此时,居里兄弟①发明的静电计正好派上了用场。

　　灵敏的静电计,使居里夫人立即有了惊人的发现:所谓"铀辐射"并不是像贝克勒尔所描述的那样只有铀才能够发射,她基本上很顺利地发现钍也可以发射这种辐射,而且它们的射线强度也不一样。正是由于这一发现,居里夫人立即采取了两个有力的措施:一是思想上的,她很快就认为应该把贝克勒尔发明的"铀射线"这一术语改为具有更加广泛意义的术语"贝克勒尔射线",接着又很快提出"一个领域"所独具的那种涵盖面广泛的术语:放射性。有了这一思想上的突破,她立即猜想,自然界是否还有其他具有放射性的物质? 如果有,应该可以利用不同的放射性强度来检测新的放射性物质,如果发现一种所有已知元素都没有的放射性强度,那么这种元素就很可能是

---

　　① 指皮埃尔·居里和雅克·居里。——编辑注

一种人们尚不知道的新元素。这种猜想如果成真,那么化学领域里将出现一种新的检测新元素的方法;对于化学来说,这可是一个了不起的发现和推动。居里夫妇把所有能够弄到手的放射性物质,都严格加以试验检验,他们的猜想很快得到了证实。当然,它们被化学家广泛地承认和接受,像任何新事物一样总是需要一个过程。幸运的是,这一过程由于居里夫妇不懈的努力和细密的试验论证,很快就实现了。由此可见,精密测量对推动科学的发展有多么重大的价值。正如居里夫人在《放射性物质的研究》结尾处的"小结"所说:

> 我们对新放射性物质的研究引发了一场科学热,带动了此后许多同寻找新放射性物质有关的研究以及对已知放射性物质的辐射所进行的深入研究。

像所有的科学家一样,居里夫人在整个研究过程中也有失算的时候。正如她本人所言:"许多物理学家……的研究都已经证明了放射性的复杂特性。"

居里夫人所指的这些"复杂特性",多半是指物理学家如卢瑟福（Ernest Rutherford，1871—1937，1911 年获诺贝尔化学奖）等人研究的对象。例如，在卢瑟福等人的研究中不仅发现放射线里含有三种射线：α、β 和 γ 射线，而且放射性物质在放出射线的同时，这种物质会同步发生"嬗变"（transmutation），由卢瑟福的实验中发现其嬗变的规律由指数规律决定：

$$\frac{\mathrm{d}N}{\mathrm{d}t} = -\lambda N(t)$$

式中 $N(t)$ 为 t 时刻存在的放射性物质原子数目，λ 是这种放射性原子的平均寿命（相应的半衰期是 λ 乘以 ln2），实验证明它不依赖于各种物理和化学等外部条件。从原子论的观点看，这个方程含有更深刻的意义。因为这一规律意味着放射性物质在相等的时间间隔里，衰变的百分比是不随时间先后而改变的常数。这就强烈地提示：每一个原子或迟或早发生衰变的机会不受其他原子是否存在的影响。

但是，居里夫人开始并不同意卢瑟福的这一发现。卢瑟福几乎从一开始就认为放射性物质中所释放出的能量，并不像许多科学家（包括居里夫人）认为的那样是从外部吸收的能量,而是原子内部能量的释放。居里夫人曾经这样写道:"人们可以设想,所有空间都总是贯穿着类似于伦琴射线那样的射线,只是其穿透性更强,而且只能够被像铀和钍那样的大原子量的某些元素吸收。"还有一段时间,居里夫人对卢瑟福的"原子嬗变说"表示不能同意。难怪卢瑟福在1902年曾经说:"居里夫人对于放射性的了解十分肤浅,只限于皮毛。"

从物理学家的观点来看,卢瑟福的话也许有一定的道理,但是居里夫人虽然是学习物理出身的,却一直主要是从化学家的立场研究放射性,所以很自然地特别重视利用放射性的特性来发现新的化学元素,并想方设法提炼出纯的新元素和测定新元素的原子量和其他化学性质。他们的侧重点不一样,因此视野也会各不相同。

1902年,卢瑟福和索迪合作发表一篇文章《放射性的原因和本性》,文中写道:

鉴于放射性同时是一种原子现象,又伴随着产生新类型物质的化学变化,这些变化必定是在原子里面发生的,并且放射性元素必定进行着自发的转变(transformation)……我们显然是在对付在已知的原子力范围之外的现象。因而放射性可以看作是亚原子化学反应的一种表现。

虽然卢瑟福还不敢使用嬗变一词,但是他们已经大胆地宣告放射性现象是一种原子变成另一种原子的过程。正如我国学者关洪教授在他的《原子论的历史和现状——对物质微观构造的认识和发展》一书中所说:"在物理学里,这是深入到原子内部的物质结构探索的开始;在化学里,这是推翻原子不可摧毁原则的一场革命。放射性就这样把物理学和化学这两门古老的学科联结起来了。"

1903 年居里夫人写博士论文时,她已经把她的视野扩大到物理学,承认和同意包括卢瑟福等物理学家研究的成果。她写道:"定义三种射线会方便叙述,根据卢瑟福所用的符号,用字母 α、β 和 γ 表示。"而且还详细描述了 α、β 和 γ 射线的穿透性(被物质吸收的规律)以及在磁场中被偏转的特性等。可惜的是,居里夫妇以及整个法国科学家的研究路线与英国科学家的不同,法国科学家主要关心的是放射性的能量从哪里来,是热力学方面的问题;而英国科学家则着重于物质内部构造的问题。

在居里夫人《放射性物质的研究》里,她也是主要探讨从热力学方面着眼的而基本上没有涉及原子结构方面的问题,她在最后一节"放射性现象的本质和原因"中说:

> 在谈到放射性能量时,我们经常会遇到它们的来源问题:它们是在放射性物质自身内部产生的,还是另有外部来源。根据这样两种观点曾提出过种种假说,然而迄今为止还没有任何一种假说得到了实验确认。
>
> ……
>
> 我们还有意分别在正午和子夜测量过铀的放射性。我们想到,如果导致物质具有放射性的那种假定的原初辐射是来自太阳的话,那么,它们在夜间穿过地球时就会被吸收掉一部分。可是,我们在正午和子夜测得的结果并无差别。

值得注意的是居里夫人这一节标题("放射性现象

的本质和原因")和卢瑟福1902年文章的标题("放射性的原因和本性")几乎一模一样,但是二者很明显在不同的路线上前进。卢瑟福学派从原子嬗变到原子结构再到原子核物理,一直沿着物质内部构造路线。这可以说是法国科学家包括居里夫妇都失算的一点,这使他们在很长的一段时间里失去了在原子核物理学的话语权,让人扼腕叹息!

也许我们应该记住的是:失败中孕育成功,成功中也孕育着失败,这是永恒的规律。

伟大的心灵

[美]麦隆内夫人

（美国社会活动家，女权杂志《描述者》主编）

世界上每隔不一会儿就会降生一个长大后注定要在某个方面干出一番大事业的男孩或女孩。她，玛丽·居里（居里夫人），就是这样一个人。她发现了镭——促进了科学的进步，减轻了人类的痛苦，增加了社会的财富。她的工作精神挑战了男性的智力和意志。

1898 年春天的一个早晨，当时美国正要向西班牙宣战，居里夫人从巴黎市郊一个简陋的棚屋里拖着疲惫的身体缓缓走出来，她的手中此刻已经稳稳地掌握着我们这个世纪的一项最伟大的秘密。

那是世界历史上事先不曾有任何先兆的一个悄无声息的伟大时刻。

那项伟大发现在那个早晨变成事实绝不是偶然的。它是经历了种种磨难,不顾别人的怀疑才取得的成功,它代表了多年坚忍不拔的辛苦劳作。居里夫人和她的丈夫皮埃尔·居里贡献出他们的全部身心才从地球母亲那里得到了她珍藏已久的这件无价秘籍。

常有人问我,我为什么要发起"玛丽·居里镭基金募捐活动",我又为什么要竭力劝说居里夫人写这本书。①

居里夫人是一位最谦逊的女性。只是经过一再地劝说,她才答应写下了收在这本书中的她的一篇简短的自传。在这篇自传中,关于她自己,有许多的事情她既没有写,也没有说明。所以,我觉得我有义务补充写上几句,以便人们能够比较全面地理解她的伟大高尚的品格。

1919 年 5 月,我为了实现对居里夫人的采访找到了巴黎《晨报》的主编史蒂芬·劳詹纳(Stephane Lauzanne)先生,他对居里夫人的生活和工作已经关注了多年。劳

---

① 指居里夫人写的《居里传》。——编辑注

詹纳主编对我说："她不会见任何人，只埋头工作，不干别的。"

"在她的生活中，几乎没有什么事情比招惹公众注意更令她厌烦。她的头脑如同科学一样严密和理性。她不能理解报纸和刊物为什么总想谈论科学家而不谈科学。她关心的只有两件事，她的小家和她的工作。

"皮埃尔·居里去世后，巴黎大学的教师和领导决定任命一位女性来担任巴黎大学的正教授，那是一个没有先例的决定。居里夫人接受了任命，也确定了就职日期。

"1906 年 10 月 5 日下午，那是一个具有历史意义的日子。在一个大厅里，原来由皮埃尔·居里教授指导的那个班的学生全部集中坐在一起。

"出席那天就职仪式的人真多，有各界名流，有政治家，有院士，学校的所有教师也都来了。突然，从大厅侧面的一扇小门走进一位身穿黑色长裙的妇女，两手苍白，额头突出。她站在我们面前，我们看到的不仅仅是一位妇女，而是一个大脑——一个正在思索的灵魂。她的出现引起一阵长达 5 分钟的热烈鼓掌。掌声过后，居里夫人身子稍向前一躬,嘴唇微微抖动着。我们不知道她会说什么,这太重要了。不论她说什么,都将记入历史。

"坐在前排的一位速记员已经准备好记录她的讲话。她会谈她的丈夫吗?她会感谢在场的部长和公众吗?不,她没有说一句同科学无关的话,一开始就说:'当我们考虑自19世纪初以来放射性理论所取得的科学进步时……'对于这位伟大的女性,重要的事情是工作,不应该浪费宝贵的时间说无用的废话。不做任何俗套应酬,也看不出她正在承受着难以忍受的悲痛——只是脸色特别苍白,嘴唇有些颤抖。她用清晰的、正常的语调继续她的演讲。"

这就是这位伟大人物的典型作风,她没有任何犹疑,立即又振作起来把他和她丈夫的工作坚持进行下去。

十分幸运,居里夫人答应与我进行一次交谈。我在离开美国去法国几周前曾到过爱迪生(T. A. Edison, 1847—1931)先生的实验室。爱迪生有优厚的物质条件,那也理该如此。他掌握有任何一种设备,同在科学界一样，也是一位金融界巨擘。我童年时代还曾在离电话发明者贝尔（A. G. Bell，1847—1922）的寓所旁很近的地方居住过，当时对他的巨大豪宅和他养的那些马匹真是羡慕不已。我也到过匹兹堡，那里有一家世界上最大的提炼镭的工厂，好些高大的烟囱正在冒着黑烟。

我还知道，美国当时利用镭制成磷光物质来生产夜光表和枪炮瞄准镜就已经花费了数百万美元，那时存放在美国各地的镭，价值已有好几百万美元。我以为我要去会见的是一位世界女富豪，她勤劳致富，大概会住在爱丽舍宫附近或者巴黎某条林荫大道的一座宫殿式的私宅里。

然而，我见到的却是一位极其简朴的女性，工作在一间简陋的实验室里，住的是一套廉价公寓，只依靠一个法国教授的微薄薪水生活。

当我走进位于皮埃尔·居里路1号那座新建筑物时，我脑子里已经在想象镭的发现者的实验室应该是一个什么样子。那座新建筑物非常显眼地矗立在巴黎大学的那些旧楼之间。

我在一间显得过于空落的小办公室里等了几分钟，

这里显然需要从密歇根州格兰特莱匹茨家具市场买来几件家具布置一下。房门打开,我看见一位面色苍白、有些怯生生样子的矮小妇女走了进来。她穿着一身棉布黑裙,脸上显出我以前从没有在别处见过的一种极度忧伤的神情。

她有一双清秀的手,但很粗糙。我注意到她有一个习惯性的小动作,总是不停地将其他手指尖在大拇指肚上搓揉。后来我才知道,长期与镭打交道,她的那些指尖已经麻木了。她和蔼可亲,极有耐心,美丽的脸上显示出一种学者特有的凝重神态。

居里夫人一开始就谈到美国。她说她想去美国看看已有好些年,但是她离不开自己的两个孩子。

"美国有大约 50 克镭,"她说,"其中 4 克在巴尔的摩,6 克在丹佛,7 克在纽约,"她继续说着每一克镭存放在什么地方。

"在法国呢?"我问。

"在我的实验室,"她简单回答,"比 1 克多不了多少。"

"您只有 1 克镭?"我大为惊诧。

"我？噢，我一点也没有，"她纠正道，"它属于我的实验室。"

我向她提起专利。我想，她一定为她的生产镭的方法申请了专利保护。来自专利的收入会使她成为一位非常富有的人。

她说："我们没有申请任何专利。我们是因为对科学的兴趣而工作。镭不应该让任何个人致富。它是一种元素。它属于所有的人。"她说这番话时语气平和，好像根本没有意识到那是放弃了一笔巨额财富。

她为科学的进步做出了贡献，减轻了人类的痛苦，可是，在她生命力最旺盛的时候，她却没有必要的物资来施展自己的才华，做出更大的贡献。

当时，一克镭的市场价是 10 万美元。居里夫人的实验室尽管是幢新建筑，却缺少设备。实验室的那一点镭只能用来收集镭射气供治疗癌症使用。

居里夫人对自己的生活没有任何怨言，只是遗憾缺乏仪器设备，这妨碍了她和她的女儿伊伦娜想要做的重要研究工作。

几周之后我去到纽约，我原打算找到十位妇女，每人捐出一万元,用这笔钱买来 1 克镭让居里夫人能够继续她的工作。那样就不必搞公开募捐活动了。

可是,我没有找到十位妇女出钱买那 1 克镭,却有十万妇女和一帮男士愿意提供帮助,他们决心一定要筹集到这笔钱。

第一笔比较大的款项是穆狄夫人直接送来的,她是美国著名诗人和剧作家威廉·穆狄(W. V. Moody)的遗孀。第二笔捐款则是赫伯特·胡佛先生[1](H. Hoover,1874—1964)寄来的。

当我们觉得有必要发起一项面向全国的募捐活动时,米德夫人(R. G. Mead)—— 一位医生的女儿,同时也是癌症防治工作的积极分子——自愿担任了这项活动的秘书,还有布雷狄夫人(N. F. Brady)自愿作为执行委员会的成员积极开展募款活动。这些女性得到了一批男科学家的支持,他们深知镭对人类的重大意义。这些男性科学家中就有美国第一位把镭用于治疗的外科医生罗伯特·阿贝(R. Abbe)博士和克罗克癌症研究实验室

---

　①　1929—1933 年曾任美国第 31 任总统。——校者注

(Crocker Memorial Cancer Research Laboratory)主任弗兰西斯·伍德(F. C. Wood)博士。

不到一年,所需要的资金就募集齐了。

这些科学家们选出一个由伍德博士担任主席的采购委员会去购买镭。美国所有的生产镭的工厂都被召集来投标,在一个公开的会议上,投标价最低者得到了订单。这个由科学家组成的采购委员会的成员是:罗伯特·阿贝博士、吉腾登博士(Dr. R. H. Chittenden)、修·卡明博士(Dr. H. Cumming)、德拉万博士(Dr. D. B. Delavan)、杜恩博士(Dr. W. Duane)、艾文博士(Dr. J. Ewing)、法兰得博士(Dr. L. Farrand)、芬尼博士(Dr. J. Finney)、盖洛德博士(Dr. H. R. Gaylord)、荷兰博士(Dr. W. J. Holland)、凯洛格博士(Dr. V. Kellogg)、凯利博士(Dr. H. Kelly)、昆兹博士(Dr. G. F. Kunz)、路易斯博士(Dr. W. L. Lewis)、黎曼博士(Dr. T. Lyman)、梅奥博士(Dr. W. J. Mayo)、麦瑞姆博士(Dr. J. C. Merriam)、佩格拉姆博士(Dr. G. B. Pegram)、鲍尔斯博士(Dr. C. Powers)、瑞德博士(Dr. C. A. L. Reed)、理查德博士(Dr. T. Richards)、史密斯博士(Dr. E. F. Smith)、斯特拉登博士(Dr. S. W. Stratton)、霍华德·泰勒博士(Dr. H. Taylor)、威廉·泰勒博士(Dr. W. Taylor)、瓦尔科特博士(Dr. C. D. Walcott)、威尔逊博士(Dr. L. B. Wison)、威尔士博士(Dr. W. H. Welch)、弗兰西斯·伍德博士等。

在我与居里夫人那次会面后过了将近一年,史蒂芬·劳詹纳主编又告诉了我应该是居里夫人个人生活中的第二件大事,那距离巴黎大学居里夫人就职正教授仪式的那个感人的场面已经过去了15年。这些年来她一直埋头在实验室里工作,从没有公开露过面。劳詹纳主编告诉我的这第二件大事发生在1921年3月,他接到了居里夫人打来的电话。

"我拿起电话筒,"他讲道,"听到话务员说:'玛丽·居里要和你通话。'这太不寻常了,难道出了什么不幸的事?忽然,电话那边传来以前尽管只听到过一次,却被我记住了的一种熟悉的嗓音,这嗓音那一次说的是'当我们考虑自19世纪初以来放射性理论所取得的科学进步时……'

"电话里居里夫人说:'我想告诉你我已经决定到美国去。'她继续说,'对于我来说,下决心去美国是很不容易的，美国太远了，又那么大。如果不是有人来接我同行，我大概绝不敢开始这次旅行。我本来是很害怕去美国旅行的，尽管恐惧，却又非常高兴。我献身放射性科学，我知道我们应该感谢美国在科学领域所做的一切。我听说你是极力促成我进行这次远行的那些人之一，所以我告诉你我的决定，但是请不要让其他人知道。'

"这位伟大的女性——法国最伟大的女性，说话犹疑，声音颤抖，简直像一个小女孩。她，一个成天同比雷电还要危险的镭打交道的人，在必须要在公众场合露面时，却胆怯了。"

居里夫人多次谢绝来美国的邀请，是因为她不忍心与她的孩子们分开。我猜想，她终于被说服愿意进行这次长途旅行，并做好准备面对她所害怕的对她的公开宣传，一部分原因是她要感谢那些对她的科学工作给予支持的人，但主要原因或许是要给她的两个女儿提供一次难得的旅行机会。

在居里夫人身上绝没有流传中所说的科学家的冷漠，对于其他一切会不管不顾。战争期间，她驾驶着安装有 X 射线设备的自己的卡车，在有军事活动的地区从一所医院赶到另一所医院,不停地奔波。她自己洗衣服,晾干,熨烫平整。在她来美国旅行期间,有一次我们住在一个家庭旅馆,除了我们一行五人,那里还住有其他好几位房客。我走进居里夫人的房间,看见她正在洗自己的内衣。

我阻止她自己做这些事,"这没有什么,"她说,"我知道该做什么,这所房子来了这么多客人,服务员够忙的了。"

在白宫即将举行捐赠仪式的头一天晚上,我把第二天哈丁(W. C. Harding,1865—1923)总统将要亲手交到居里夫人手中的象征那1克镭的礼品———一册制作精美的所有权证书——预先请她过目。证书上写明,美国妇女赠送的这1克镭,所有权完全属于玛丽·居里。

她仔细阅读了证件的内容,想了一会儿,对我说:"这是一件如此珍贵和如此慷慨的礼品,不能马虎。这1克镭代表一大笔钱,更重要的是,它代表了这个国家的广大妇女。这不是赠送给我的,而是赠送给科学的。我身体不好,说不定哪天就会死去。我的女儿艾芙还不到法定成人年龄,如果我死了,那就意味着这1克镭是我的个人遗产,它就会被我的两个女儿分割继承。这绝不是美国妇女赠送给我镭的初衷。这 1 克镭必须永远供科学使用。你能让你们的律师起草一份文件清楚地写明这一点吗?"

我说几天就可以做好。

"今天晚上就必须做好,"她说,"明天我就会拿到镭,也许我明天早上就会死去。这件事太紧急了。"

于是,在 5 月的那个已经感到有些热意的夏夜,尽管时间已很晚了,经过一番周折,我们终于找来了一位律师。律师根据居里夫人自己写的草稿制作了法律文件。她在启程前往华盛顿之前签署了文件。卡尔文·柯立芝夫人①也是见证人之一。

居里夫人要求制作的这份文件这样写着:

> 如果我死了,我将把由玛丽·居里镭基金会妇女执行委员会捐赠给我的那 1 克镭交给巴黎镭研究所专供居里实验室使用。
>
> 立约日期:1921 年 5 月 19 日。

---

① 时任副总统、后继任总统的卡尔文·柯立芝(Calvin Coolidge, 1872—1933)的夫人。——校者注

　　这份法律文件的意思符合这位镭发现人一生奉行的行为准则，也同一年前她对我的提问的回答完全一致：

　　"镭不应该让任何个人致富。它是一种元素。它属于所有的人。"

　　至今，居里夫人还有一个没有实现的梦想，那就是希望有一个属于自己的安谧的小家，有花园和篱笆，有鲜花和小鸟。在她美国的旅行中，每当火车穿过一个小镇，她会频频向窗外观望，若看到一座她中意的简朴实用的带有花园的小房子，她会说，"我一直想有这样的一个小家"。

　　然而，希望有属于自己的房子，在皮埃尔和玛丽·居里的生活中肯定是被放在次要的位置。不管在哪里，他们都只是草草地把家安顿下来。原本可以用来购置她梦中想有的小房子的钱，他们总是花在了实验室的需要上。有一天她满怀伤感地对我说，她一生的遗憾之一，是皮埃尔·居里直到去世也不曾拥有一个固定的实验室。

　　居里夫人决定结婚以后，她的一位亲戚送给她一笔礼金,让她置办嫁妆。数量不多,但是对于当时巴黎的一个穷学生,也很重要。要明白,如何使用这笔钱并非是一件无关紧要的事情,我们只需要记住,当时的玛丽·斯科罗多夫斯卡天生丽质,年轻美貌,楚楚动人。她不会不爱美,不会不注重自己的外表。她同普通女孩子一样,天生喜欢漂亮的衣服。她也想买一套婚礼礼服和一些饰品。然而,她以她严格按照理性处事的性格做了权衡,知道自己真正需要什么和如何做才有利于将来。

她结婚时穿着从波兰带来的简朴服装,而用买嫁妆的钱买了两辆自行车,以便将来可以和皮埃尔·居里一起骑车去享受法国乡村的美丽风光。那就是他们的蜜月。

在她来美国旅行期间,不断地有人请居里夫人写下她的一生,并向她强调这件事情的历史意义,而且对于打算从事科学事业的青年学生肯定会产生积极的影响。

最终,她同意了。"但是不够写成一本书,"她说,"尽是些不足道的平凡小事。我出生在华沙一个教师家庭。我和皮埃尔·居里结婚,生有两个孩子。我在法国工作。"

多简单的话,但其中蕴涵了多么丰富的内容啊!我们中的绝大多数人都会被后人遗忘,刚过去不久的世界大战(第一次世界大战)在以后的历史教科书中也会缩简到只占几页的篇幅,一个个政府垮掉,上台,再垮掉,岁月会抹掉一切。然而,居里夫人的工作成果将永远流传。

关于居里夫人的工作和她的丈夫的工作,自从1898年那个春天的早晨(5月18日或20日,居里夫人已记不准确了)以来,已经出版了数不清的各种图书。那天早晨,居里夫人待在巴黎郊外的一座棚屋里工作了一整夜之后走了出来,把镭这件伟大的礼物献给了人类。科学家们还会为这种神奇元素增添更多的故事,然而关于玛丽·居里她自己,这位伟大的女性,除了收在这本小书里她写的简短自传,世人今后恐怕就再也读不到什么了。

"在科学事业中,我们应该关心的是事,而不是人。"这是居里夫人的一种信念,也是她的价值观。

中　篇

居里夫人文选(节选)

Selected Works of Madam Curie

居里夫人博士论文"引言"—放射性物质研究简史—从沥青铀矿中分离出放射性物质的方法—放射性现象的本质和原因—梦想成真,发现镭—成名后的烦恼—实验室:神圣之地—居里夫人自传

居里夫人博士论文"引言"

我的这篇论文总结了我四年多来研究放射性物质所取得的结果。一开始,我研究的是贝克勒尔所发现的铀的磷光现象,研究取得的结果激发了我对另一项研究的兴趣。后来,皮埃尔·居里放下他手头的工作也来同我一起进行研究。我们的目的是要提取到新的放射性物质并研究它们的性质。

开始研究不久,我们就想到应该把我们发现和制取的物质的样品分送给其他一些物理学家。首先想到的自然是贝克勒尔,是他发现了铀放射线。这样做,可以使其他人也有机会同我们一起来研究这些新的放射性物质。在我们发表了第一批结果之后,德国的吉塞尔(M. Giesel)也开始制取这些物质,并把他得到的样品分送给德国的几位科学家。最后,这些物质终于变成了在法国和德国很容易买到的商品,而且由于有越来越多的人认识到放射性物质的重要性而出现了一场科学热。自那时以来,陆续发表过大量回忆同放射性有关的事件的文章,直到现在——主要是国外,还不时能够看到回顾早期如何发现放射性物质的文字。在法国和其他国家有许多人都在研究放射性物质,观点自然多有分歧,这是所有在新课题上进行的研究都必然会有的一个过程。不过,现在情况正在一天天好起来。

　　然而从化学的观点看,有一点是可以肯定的,一定还存在着一种放射性非常强的新元素,那就是镭。于是,制取镭的纯氯化物和测定镭的原子量就成了我工作的主要内容。当工作进行到可以断定在几种元素中确实混杂有一种肯定是具有非常奇特性质的新元素时,我马上意识到我应该改用一种新的化学研究方法。后来的事实证明,这个决定是正确的。这种新方法的依据,是认定放射性是物质的一种原子属性。正是使用这种方法,皮埃尔·居里和我才得以发现镭的存在。

　　如果说我们的主要问题在化学方面已经算是得到了解决的话,那么,对放射性物质物理性质的研究可以说才只是开了个头。诚然,已经形成了一些重要观点,但大多数结论还有待证实。考虑到放射性所产生的现象的复杂性,而不同放射性物质之间又存在着那样大的差异,目前这种情况也属正常。好些物理学家都在研究这几种物质,自然会有不谋而合,有时也会做同样的事情。在这篇论文报告中,我严格按照博士论文对篇幅的限制,只介绍我个人的研究工作,只是在必要时才不得不提到其他研究者的成果。

我还希望我的论文能够全面反映这个研究课题在当前的实际状况。

在论文最后,我要提出几个我特别关心的问题,并简要介绍我与皮埃尔·居里一起研究的那些问题。

我的工作是在巴黎理化学校的实验室进行的,得到了前任校长舒曾伯格(Schützenberger)先生和现任校长劳思(Lauth)先生的慷慨允许。借此机会,我要对该校的友好协助表示感谢。

放射性物质研究简史

放射性现象的发现，是同发现伦琴射线之后人们研究磷光物质和荧光物质对照相底板的感光效应相联系的。

最早用来产生伦琴射线的放电管并没有金属阳极。发出伦琴射线的是被阴极射线轰击的玻璃表面。与此同时，玻璃表面还发出明亮的荧光。那时提出的问题是，那种荧光是伴随伦琴射线产生的，抑或是别的什么原因产生的。最早提出这个问题的是亨利·彭加勒（Henri Poincaré）。

不久，彭加勒报告，隔着黑纸，他用能够发出磷光的硫化锌得到了感光影像。莱温洛斯基（Niewenglowski）用暴露在光线下的硫化钙也观察到了同样的现象。最后，特鲁斯特（Troost）用人工方法使硫化锌产生磷光，不仅隔着黑纸，甚至隔着厚纸板，也得到了清晰的感光影像。

刚才提到的这些实验后来重做时再也没有成功过，尽管许多人都进行过尝试。因此不能认为这些实验证明了硫化锌和硫化钙在光线的照射下发出了某种不可见的可以穿透黑纸使照相底板感光的射线。

贝克勒尔用铀的多种盐类做了类似实验，其中有些铀盐是荧光物质。

他用铀和钾的双硫酸盐隔着黑纸得到了感光影像。

由于贝克勒尔所使用的实验对象能够发出荧光，起初，他以为出现这种现象是因为他使用的双硫酸盐具有类似于亨利·彭加勒、莱温洛斯基和特鲁斯特等人在实验中所使用的硫化锌和硫化钙那样的性质。但是，继续进行的实验表明，他观察到的现象同荧光完全无关。不一定要使用能够发出荧光的盐类。尤其是铀和铀的任何一种化合物，不论是否能够发出荧光，都同样能够隔着黑纸使照相底板感光，而且金属铀的感光能力最强。最后，贝克勒尔甚至还发现，他放在完全处于黑暗环境中的一些铀的化合物，几年后，对黑纸包裹着的照相底板仍然具有感光作用。为此,贝克勒尔不得不认为铀和铀的化合物在发出一种奇特的射线——铀射线。他后来还证实,这种射线能够穿透薄金属板,能够使带电的物体放电。他甚至通过实验得出结论,铀射线也有反射、折射和偏振现象。

其他一些物理学家[如厄尔斯特(Elster)和盖特尔(Geitel)、开尔文(Kelvin)勋爵、施密特(Schmidst)、卢瑟福(Rutherford)、贝蒂(Beattie)以及斯姆鲁考斯基(Smoluchowski)等]用他们的工作也确认和充实了贝克勒尔的研究结果。但有一个例外,那就是认为铀射线同伦琴射线相似,也有反射、折射和偏振等现象的看法没有得到承认。起初是卢瑟福否定了这种看法,后来贝克勒尔本人也承认铀射线没有反射、折射和偏振现象。

从沥青铀矿中分离出放射性物质的方法

　　上一章[①]介绍了我研究放射性矿物得到的结果,正是这些结果促使皮埃尔·居里和我开始了要从沥青铀矿中分离出某种新的放射性物质的工作。我们的分离方法只能依靠放射性,因为我们根本不知道那种想象中的物质的其他属性。我们依据放射性进行研究的方法如下:对每一种化合物,测定它的放射性,接着对这种化合物进行化学分解;测定所得到的每一种分解产物的放射性,并认为所得到的数据反映了某种放射性物质在各种分解物中的分布比例。于是,我们就可以把所测得的放射性强度当作在各种分解物中包含那种放射性物质多少的一种指标,并能够在一定程度上与光谱分析所提供的信息进行比较。为了保证得到的是可以进行比较

---

　　①　指原书第一章。——编辑注

的数据,测量放射性所用的物质必须是干燥的固体。

钋、镭、锕

使用上面介绍的方法对沥青铀矿进行化学分析,我们在这种矿物中发现了化学性质不同的两种强放射性物质。钋,是我们发现的;镭,是我们与贝蒙特(G. Bémont)合作发现的。

钋 从分析观点看,钋与铋性质相似,事实上,两者是从沥青铀矿中一起分离出来的。此后,选用下述任何一种分离方法都可以得到钋的含量来越多的它同铋的混合物:

1. 在真空中升华硫化物,放射性硫化物的挥发性要比硫化铋大得多。

2. 用加入水的沉淀法处理硝酸盐溶液,析出的碱式硝酸盐的放射性要比留在溶液中的盐强得多。

3. 用通入硫化氢的沉淀法处理强酸性的盐酸溶液,析出的硫化物的放射性要明显强于留在溶液中的盐。

镭 镭是与钡一起从沥青铀矿中分离得到的一种

物质。镭参与的化学反应和钡相同,可以利用镭的氯化物在水中、在稀乙醇水溶液中或者在加入了盐酸的酸性水中的溶解度与钡的氯化物的溶解度不同的特性,将它与钡分离开来。镭的氯化物的可溶性比钡的氯化物小,我们把混合物分离,得到了镭和钡各自的氯化物结晶。

德比尔纳(A. Debierne)还在沥青铀矿中发现了第三种强放射性物质,将它命名为**锕**。锕与某些铁族元素一起伴生于沥青铀矿中。锕似乎特别爱同钍在一起,现在还没有办法把锕从钍中分离出来。从沥青铀矿中提取锕是一件非常困难的工作,通常都不可能做到完全分离。

这三种新发现的放射性物质在沥青铀矿中都属于极微量物质。为了得到它们的比较浓缩的状态,我们不得不处理成吨的铀矿废渣。先是在工厂进行初步处理,然后再进行提纯和浓缩。我们处理了数千千克的原料,终于从中得到了这每一种放射性物质的几分克[①]浓缩物。它们与含有它们的原来的矿石相比,放射性远强得

---

　　①　为质量单位,1 克＝10 分克。——编辑注

多。自然,提炼的过程既漫长、辛苦,又十分昂贵。

在我们的工作结束以后,又有研究者发表了发现其他新放射性物质的报告。吉塞尔的报告,还有霍夫曼(Hoffmann)和施特劳斯(Strauss)的报告,都宣布有可能存在着一种化学性质类似于铅的放射性物质。目前只得到了这种物质很少的试样。

迄今为止,在这些新放射性物质中,镭是唯一成功分离出纯盐的物质。

镭 的 光 谱

我们工作的首要任务,是要用一切可能的手段来证实那种关于存在着新的放射性元素的假设。对于镭,光谱分析就是证实这种假设的一个很好的手段。

德马凯(Demarcay)接过了对镭进行光谱分析的工作。他通过在照相得到的火花光谱上进行检索的方法来鉴别这种新的放射性物质究竟是不是一种新的化学元素。

有这样一位经验丰富的科学家答应帮助我们,那自然是再好不过,我们对他真的是十分感激。当我们正在为如何解释我们的研究结果犯难的时候,光谱分析的结果给我们带来了信心。

　　德马凯查验的第一份试样是放射性比较强的一种混有镭的氯化钡。检查结果发现,在这种物质所产生的光谱的紫外区,同那些钡谱线在一起,有一条相当强的新谱线,波长 $\lambda = 381.47\ \mu\mu$。我向他提供的第二份试样具有更强的放射性。德马凯在光谱上看到了更加清晰的 $381.47\ \mu\mu$ 线。同时,光谱上还出现了其他新的谱线,而且强度同那些钡线不相上下。继续查验经过进一步浓缩的含镭试样,得到的简直就是不同的另一种光谱,其中仅能看见钡的那三条最强的谱线。这三条钡线只不过说明在这种浓缩的含镭物质中钡已经减少为数量很少的杂质,这种物质已经接近于纯净的氯化镭。最后,我再进一步提纯,终于得到了镭的一种纯度非常高的氯化物。在这种氯化物的光谱上。两条主要钡线已经几乎辨认不出来了。

　　在下表中,根据德马凯光谱分析结果列出了镭的一部分谱线,包括了波长 $\lambda = 500.0\ \mu\mu$ 到 $\lambda = 350.0\ \mu\mu$ 这

一谱段的主要谱线。谱线强度用数字表示,最强的谱线
记作 16。

镭的一部分谱线

λ	强度	λ	强度
482.63	10	460.03	3
472.69	5	453.35	9
469.98	3	443.61	8
469.21	7	434.06	12
468.30	14	381.47	16
464.19	4	364.96	12

所有的谱线都非常清晰,而且细锐。波长为 381.47,
468.30 和 434.06 的三条谱线是强线,是这些已知谱线
中最强的。在此火花光谱照片上能看到两条非常显著
的白雾状的谱带,即带状光谱。第一条谱带作对称分
布,从 463.10 到 462.19,在 462.75 处为最强。第二条谱
带则是先逐渐变强,然后向紫外方向减弱,可以清楚地辨
认出起始于 446.37,在 445.52 处达到最强。此最强区
保持到 445.34,接着是一条雾带,越来越弱,大约在 439
处消失。

在此火花光谱照片上折射率最小一侧的波长区域没
有谱线,能够引起注意的折射率最小的谱线只有 566.5

(近似值)一条,而且要比 482.63 线暗弱得多。

整个光谱的样子类似于碱土金属的光谱。碱土金属的光谱就是由明显的线状光谱和某些云雾状的谱带组成。

德马凯所做的光谱分析,表明镭有可能也属于光谱反应最灵敏的物质之一。我从我进行的浓缩工作中还可以得到另一个结论。我知道,在清晰显示出 381.47 谱线的第一份受检的氯化镭试样中,镭所占的比例肯定非常小(也许大约 0.02％)。但是,在这第一份试样的光谱照片上却能够清楚地辨别出镭的这条主要谱线,那么,试样物质的放射性就至少必须是金属铀的 50 倍。按照我的静电计的灵敏度,可以检测到放射性只有金属铀的 $\frac{1}{100}$ 的物质的放射性。这就十分清楚,既然我的实验设备通过检测放射性发现了镭的存在,那么,镭的放射性活性就应该强过它的光谱反应灵敏度数千倍。

德马凯还查验了放射性都很强的混有钋的铋和混有锕的钍,可是到目前为止,这两种物质的光谱上分别只有铋或者钍产生的谱线。

最近，一直在提取镭的吉塞尔发表了一篇论文。他指出，物质中含有溴化镭，能够使该物质的火焰变为深红色。镭的火焰光谱上有两条非常漂亮的红色谱带，此外还有一条位于蓝绿区的谱线和两条位于紫色区的弱谱线。

提取新放射性物质

在提炼工作的第一阶段，是从铀矿石中提取出混有镭的钡，同时也从这种矿石中提取出混有钋的铋和混有锕的稀土元素。在得到这三种初级产品之后，下一步才是从它们之中分离出各自所包含的那种新的放射性物质。这就是提炼工作第二阶段的分离处理。要把紧密结合在一起的两种元素分离开来，大家知道，困难在于必须选择一种最有效的分离方法，而可供选择的分离方法却不止一种。更何况，当两种元素混合在一起，而其中一种元素只有痕量时，即使找到了一种合适的分离方法，也没有办法把那种痕量元素完全分离出来。事实上，稍有差池，便有可能丢失掉所需要的那种痕量物质。

　　我工作的主要目的是要分离得到镭和钋。经过几年努力，到现在，我也只得到了镭。

　　沥青铀矿是一种昂贵的矿石，我们不得不放弃直接用这种矿石来进行大规模提炼。在欧洲，波希米亚的圣约阿希姆斯塔尔（Joachimsthal）矿就在对这种矿石进行提炼。先把矿石粉碎，与纯碱（碳酸钠）一起焙烧。得到中间产物后，先用温水，然后用稀硫酸清洗。在这样得到的溶液中就含有铀，这正是他们看中的沥青铀矿的价值，没有溶解的部分则被他们当作废渣抛弃。但是，在这种废渣中却含有放射性物质，其放射性是金属铀的4.5倍。拥有该矿的奥地利政府赠送给我们一吨这种矿渣，供我们研究，后来又让矿山当局给了我们几吨。

　　当时，还难以把实验室的一套方法用于工厂对这种矿渣进行预处理。德比尔纳解决了这个问题，他搞出了一套可以在工厂进行前期处理的方法。他的方法的要点是，把废渣放入碳酸钠浓溶液中一起煮沸，使废渣中的硫酸盐转变为碳酸盐。这样就免去了把废渣和碳酸钠一起熔融使两者互相融合。

　　沥青铀矿渣中的主要物质有铅和钙的硫化物、硅石

（二氧化硅）、矾土（氧化铝）和氧化铁,此外还发现了几乎所有种类的金属（铜、铋、锌、钴、锰、镍、钒、锑、铊、稀土、铌、钽、砷、钡等）,有的较多,有的较少。废渣中含有的镭,是以硫酸盐的形式被发现的。镭的硫酸盐是废渣中最不容易溶解的化合物。要溶解它,就必须尽可能去除掉硫酸。所以,先要用煮沸的浓碳酸钠溶液对矿渣进行预处理。这样,同铅、铝、钙结合的硫酸大部分都变成了溶液中的硫酸钠,反复用水清洗,就可以去除掉。留下来的铅、硅和铝,则用碱性溶液清除。剩下的不溶解的部分再用普通盐酸来溶解。经过这样一个过程,矿渣就被完全分解,而且大部分都溶解在溶液中。在这种溶液中就有钋和锕。通入硫化氢,可以沉淀出钋。锕,则可以在这种溶液中加入氨水,使锕从它的硫化物中分离出来,再被氧化,而以锕的氢氧化物的形式沉淀得到。至于镭,它此时仍然留存在矿渣的不溶解的部分中。用水清洗这残余的不溶部分,然后再用煮沸的浓碳酸钠溶液进行处理。经过这个过程,钡和镭就从原来的硫酸盐形式变成了碳酸盐。此后,把所得到的物质用水彻底清洗干净,再用完全不含硫酸的稀盐酸处理。这样得到的溶液中便含有镭,同时也含有钋和锕。过滤后加入硫酸使溶液产生沉淀,在得到的沉淀物中就有夹杂了镭和钙的钡的硫化物、铅和铁的硫化物以及痕量的锕的硫化物。此时的溶液中仍然含有少量没有析出的锕和钋。如前所述,它们可以从先前得到的盐酸溶液中分离出来。

从一吨废渣中能够得到 10 千克～20 千克粗硫酸盐,放射性为金属铀的 30～60 倍。接着要做的是提纯。为此,需要先把这些粗硫酸盐与碳酸钠一起煮沸,然后再把它们转变为氯化物。在得到的溶液中加入硫化氢,便得到少量含有钋的放射性硫化物。将溶液过滤后,利用氯使之氧化,再加入纯氨水,这样,便能得到作为沉淀物的氢氧化物和氧化物。它们具有很强的放射性,那是由于其中含有锕。将这种溶液过滤后加入碳酸钠,把沉淀得到的碱土金属的碳酸盐清洗,再使它们转变为氯化物。通过蒸发得到干燥的氯化物,再用纯浓盐酸清洗。结果,氯化物中的氯化钙几乎被完全溶解,只剩下不溶解的钡和镭的氯化物。用这种方法可以从一吨原料中得到大约 8 千克的钡和镭的氯化物,它们的放射性大约是金属铀的 60 倍。这时就可以对这两种氯化物进行分离了。

钋

如上面所说，把硫化氢通入在处理过程中得到的各种盐酸溶液，可以沉淀出具有放射性的各种硫化物。这种放射性来源于钋。这些硫化物中最多的是铋，还有少量的铜和铅。铅的数量相对较少，这是因为它已经被碱溶液清除掉了大部分，还由于铅的氯化物只有很小的可溶性。沉淀物中夹杂的锑和砷的氧化物，数量极微，则是因为它们的氧化物已经被碱溶液溶解了。为了得到放射性最强的那种硫化物，我们采用了如下提取方法。

在经过盐酸处理得到的具有强酸性的溶液中通入硫化氢，使之产生沉淀。沉淀出的硫化物具有很强的放射性，我们就用它来制取钋。此时，在溶液中还残留有由于存在着过量的盐酸而没有完全沉淀的物质（铋、铅、锑）。为了实现完全沉淀，把溶液用水稀释，再次通入硫化氢进行二次处理。这第二次沉淀得到的硫化物，放射

性要比第一次得到的硫化物弱得多，通常都是丢弃不
用。若要对这第二次沉淀得到的硫化物继续提纯，可以
用硫化铵清洗，清除掉那残留的最后一点锑和砷。然
后，再用水和硝酸铵清洗，接着用稀硝酸处理。当然，不
可能所有的物质都被完全溶解，总还会遗留下一部分或
多或少的不溶物。对于残留的这部分未溶解物，如果认
为有必要，还可以重新再进行处理。经过一次又一次的
处理，溶液的体积变得越来越小。最后，加入氨水或者
过量的水，使之产生沉淀。无论加入氨水还是加入过量
的水产生沉淀，最后的溶液中都仍然残留有铅和铜。在
加入过量水沉淀的后一种情形，溶液中还残存有一点几
乎没有放射性的铋。

　　对于氧化物或者碱式硝酸盐沉淀物，则采用如下方
法分离。把沉淀物溶解在硝酸中，向溶液加入水，直到
溶液中重新形成足够量的沉淀物。需要注意的是，有时
不会立即就出现沉淀。把沉淀物与上层液体分离开来，
取出沉淀物再次溶解在硝酸中。此后，分别向这两种液
体加入水，使它们都再次出现沉淀。接着再继续使用上
述方法做同样处理。然后，把分离得到的各种分离物按

照它们的放射性强度收集起来,并尽可能加以浓缩。最后得到的少量物质具有很强的放射性。尽管如此,直到现在,这种物质在光谱仪中也只显示有铋的谱线。

非常遗憾,用上述方法仍然很难得到分离的钋。刚才介绍的这种分离方法同其他湿法分离过程一样,也存在着许多困难。不论用哪一种方法,钋都容易形成绝对无法溶解在稀酸或者浓酸中的化合物。只有将它的这些化合物比如说同氰化钾熔融在一起还原成金属状态,才有办法使它们再溶解。这样做工作量非常大,按照我们的条件,这是在我们的分离过程中简直无法克服的困难。此外,我们要提取的钋,由于它一旦从沥青铀矿中提取出来,放射性就会减小,更增大了分离的困难。当然,钋的放射性减小是一个缓慢过程。混杂有钋的硝酸铋样品,十一个月后,其放射性只失去了一半。

对于镭,则没有这样的困难。镭的放射性保持不变,在提纯过程中我们可以把这种放射性作为判断镭的浓度的一个指标,所以检测浓度没有遇到困难。我们的工作从一开始,随时都可以利用光谱分析进行跟踪监测。

当我知道存在着一种感生放射性现象（将在后面讨论）时，我曾想过钋也许不是一种新的元素。这是因为，对钋进行光谱分析只能看见铋的那些谱线，而且钋的放射性会随时间而消失。钋所显示的放射性很可能是沥青铀矿中的镭影响附近的铋使其产生的放射性。现在，我对自己的这种看法已经不敢肯定。在我对钋进行长期研究的过程中，我注意到它有一些化学性质是我在普通的铋上甚至在被镭感应出放射性的铋上从来未曾观察到过的。钋的这些独特的化学性质，首先，如我刚才所提到的，是它极容易形成不可溶的化合物（特别是它的碱式硝酸盐）；其次，是向含有钋的铋的硝酸溶液加入水所得到的沉淀物的颜色和外观会有变化。沉淀物有时为白色，但更多时候显示深浅不同的鲜黄色，甚至接近于红色。

而且，除了铋的谱线之外没有看见钋的谱线，这并不能说明被光谱仪分析的那种物质只含有铋。因为，有一些已知存在的物质，它们的光谱反应极弱，也是极难看见它们的谱线的。

要搞清楚究竟是否存在钋这种元素，看来，有必要制出少量的，以现有条件其中夹杂的钋的浓度尽可能高的钋和铋的混合物，以便对钋行化学分析，最重要的当然是测定这种金属的原子量。不过，由于刚才提到过的钋的化学性质带来的困难，直到现在也未能进行这项研究。

即使以后证明钋是一种新的元素，有一种对它的认识大概绝不会改变。这就是，钋不可能保持强放射性而无限期存在，至少，当它从矿石中被提取出来以后是如此。这样，我们就可以从两个方面来探讨这个问题。第一，钋的放射性是否由于它的邻近存在着自身具有放射性的物质而完全是被感应出来的。若如此，那么钋就应该具有那种能够从后者永久获得原子放射性的能力，而这种能力却是其他无论什么物质都不具备的。第二，钋的放射性是否是它的一种固有性质。若如此，那么钋就是在某一种条件下其放射性会自行消失，而在另一种条件下却能保持存在，比如矿石中那种条件。关于因接触而感应出原子放射性这种现象，目前的了解仍然甚少，我们还不可能对这个问题有清晰的看法。

注：最近马克沃德(Marckwald)发表了一篇同钋有关的论文。他将一根用纯铋制成的小棒插入从沥青铀矿废渣中提取得到的一种铋的盐酸溶液中,过了一段时间,小棒上包上了一层放射性非常强的淀积物,而此时溶液中却只有没有放射性的铋。他把氯化锡加入到放射性铋的盐酸溶液中,也得到了放射性很强的沉淀。马克沃德由此得出结论,这种放射性元素同碲有关联,并为它取名为射碲。从马克沃德描述的这种放射性物质的性质,以及它容易发出自己所吸收的射线的这个特点看,他说的那种物质似乎就是钋。以目前对这个问题的有限认识,匆忙为这种物质取一个新名称是没有意义的。

制取纯氯化镭

我从混合有镭的氯化钡中提取纯氯化镭所使用的方法,是先使氯化物的混合物在纯水中分级结晶,然后再在加入有盐酸的水中形成结晶。这种方法利用了这两种氯化物溶解度不相同的特性。氯化镭的可溶性差于氯化钡。

分离开始时使用的是纯净的蒸馏水。将氯化物溶解在蒸馏水中,加热溶液使之温度上升到沸点,然后倒入一个蒸发皿中盖严,缓慢冷却,让溶液中自然形成结晶。结果,在蒸发皿底部析出美丽的晶体,这时不难将上部的饱和溶液滗出。如果取一部分这种饱和溶液,蒸发至干,留下的水垢样的东西也是氯化物,但这种氯化物的放射性较弱,强度只有先前形成的晶体的放射性的大约 $\frac{1}{5}$。于是,作为原料的氯化物就被分离成了两部分,A 和 B。A 的放射性较强,B 的放射性较弱。现在分别对这两份氯化物 A 和 B 重复上述操作,再把它们各自分离成两个部分。完成结晶后,由氯化物 A 得到的放射性较弱的那一部分和由氯化物 B 得到的放射性较强的那一部分两者的放射性相近,把前者加入到后者中,这样就得到三份氯化物分离产物。此后,再继续对它们重复进行上述处理。

在反复进行上述处理时,自然不可能让需要进行分离操作的分离产物的份数无限增加。随着份数的增加，那最容易溶解的部分的放射性越来越弱，当它的放射性已经变得微不足道时，就让它退出分离过程。在经过多级结晶达到了预定份数的分离产物之后，也要停止对那最不容易溶解的部分（含镭最丰富）进行分离，让它暂时退出以后的分级结晶。

　　在整个分离过程中，按照如下操作规则可以使每一级结晶操作所需要处理的分离产物的份数保持不变。在每进行一级结晶操作之后，都把一份分离产物遗留的饱和溶液加入到接下来的分离操作所得到的晶体之中。但是，如果在某一级操作之后已经让最容易溶解的那份分离产物退出了分离过程，那么，在接下来的一级操作之后，就要从最容易溶解的部分制作出一份新的待分离的产物，而让那放射性最强的结晶部分退出分离过程。如此交替地退出放射性最弱的部分和最强的部分，这样就建立起一套严格的分离操作规则。按照这套规则操作，每一级分离结晶所需要分离的产物的份数和其中每一份产物的放射性强度都保持不变，而且每一份产物的放射性强度总是比后一份产物的放射性更强，大约为后

者的 5 倍。同时,在分离过程中每去除掉一份差不多已
经没有放射性的生成物,同时就能够得到一份富含镭的
氯化物。用这套方法进行分离,需要加以分离的物质数
量越来越少,但放射性却越来越强。

起初,我们在分离中保持使用六份待分离物,最后
得到的氯化物的放射性只有铀的十分之一。

当大多数非放射性物质都被清除掉,每一份待分离
物都已经变得数量很少时,这时就要在这一级分离结束
时所得到的分离产物中去除掉一份产物,而将另一份产
物加入到先前收集到的放射性较强的氯化物晶体中,重
新再继续进行上述分级结晶的分离过程。这样就能得
到比先前所得到的氯化物含镭更丰富的氯化物晶体。
按照这套规则一直分离下去,最后就可以得到纯氯化镭
晶体。如果分离彻底的话,得到的氯化镭中基本上不会
残留任何中间产物。

到分离的后期阶段,每份产物中所包含的物质数量
都很少,这时,用这种结晶办法进行分离,效果会很差,
因为冷却过快,而且要滗出的溶液的体积也太小。在这
种情况下,可以加入含有盐酸的水。水中含有的盐酸量

需作测定,而且有可能需要随分离的进行而增加。

　　这样做的好处是可以增加溶液的数量,而且氯化物在含有盐酸的酸性水中的溶解度要比在纯水中小。使用含盐酸较多的水,分离效果相当好,常常只需要处理三份或四份分离产物即可。

　　在具有很强酸性的溶液中形成的晶体呈现为针状,在外观上,氯化钡晶体和氯化镭晶体完全相同。两者都有双折射。夹杂了镭的氯化钡晶体一般为无色,但是其中镭的比例增大后,会在数小时后变为黄色,此后接近于橙色,有时甚至变为漂亮的粉红色。溶解在溶液中,则颜色消失。纯氯化镭晶体没有变色现象,看来,变色是镭和钡混合在一起引起的。当镭的比例达到某一个确定值时,变色现象特别显著。这个事实可以用来检查分离进程。

　　我还注意到一种现象。有时候,在溶液中作为沉淀物出现的晶体,竟会一部分始终保持无色,而另一部分则会变色。我想,大概应该把无色的那部分晶体挑拣出来。

　　加入酒精使氯化钡的水溶液析出沉淀也可以把其

中含有的氯化镭分离出来，而这正是我们要得到的物质。起初我曾采用过这种方法，最终还是放弃了。因为刚才介绍的分离方法更有规律，实际操作起来能够有条不紊。不过，我偶尔还会用酒精溶液沉淀法将杂有痕量氯化钡的氯化镭进一步提纯。氯化钡留在含有少量水的酒精溶液中，很容易清除。

自我们发表第一批研究结果以来，吉塞尔就一直在从事制取放射性物质的工作。他推荐使用在水中分级结晶的方法来从溴化物混合物中分离出钡和镭。我已证实他推荐的这种方法是不错的，特别是用在分离的初始阶段。

测定镭的原子量

在我工作的过程中，我会不时地测量我在各个阶段得到的夹杂有镭的氯化钡分离物所含有的金属的原子量。每提取到一种新的分离物，我都要尽可能将它浓缩，争取从混合物中提取到 0.1 克～0.5 克的具有强放射性的物质。利用这不多一点物质，我能用加入酒精或盐酸的方法从中沉淀出数毫克的氯化物,把它用于光谱分析。要感谢德马凯研究出来的光谱分析方法,仅需数量极少的试样就可以拍摄到这些氯化物的火花光谱照片,而且还能剩下试样供我测量原子量。

　　我采用的测量原子量的方法是经典的称重法,即将已知重量的待测金属氯化物转化为氯化银,称得银的重量,以此来推算待测金属氯化物中所含有的金属的原子量。作为对照实验,我用同样的方法、同样的条件和同样数量的试样先测量了钡的原子量,先是用 0.5 克的试样,后来又用 0.1 克的试样。测量钡得到的数值始终保持在 137～138 之间,这是令人满意的结果。这样,我就知道这种测量方法是可靠的,尽管只用了数量很少的试样。

　　最初用于实验的两份氯化物试样,一份的放射性是铀的 230 倍,另一份为 600 倍。用这两份试样进行测量得到数值与用纯氯化钡测量得到的数值相同。显然,如果不使用放射性更强得多的试样,就不能指望会得到与钡不同的原子量数值。接下来再做的实验,测量所使用的氯化物试样的放射性大约是铀的 3500 倍。这次实验使我第一次看到了虽然是微小的差别,但却是明显的不同。我发现这份氯化物试样中所含的金属的平均原子量的数值是 140,这表明镭的原子量一定比钡高。用放射性越来越强的试样进行测量(这些试样的光谱上的镭谱线也越来越强),结果发现,如下表所示,测得的原子量的数值随放射性强度成比例增大。

氯化物的放射性强度及其相应的原子量

A	M	
3500	140	镭光谱暗淡
4700	141	
7500	145.8	镭光谱明亮,但钡光谱占优势
10^6 数量级	173.8	镭和钡的光谱亮度几乎相等
	225	只有痕量钡

表内 A 代表氯化物的放射性强度,规定铀的放射性为 1;M 代表测得的原子量。A 栏中给出的数值仅为估计的大致值。对强放射性物质的放射性强度进行准确计算比较困难,原因在后面有说明。

上述测量镭的原子量的工作刚告一个段落,我在1902 年 3 月又得到了一份有 0.12 克的氯化镭样品,德马凯对它进行了光谱分析。德马凯认为,那种氯化镭是相当纯的。不过,它的光谱上有钡的三条主要谱线,亮度相当大。我对这种氯化物接连进行了四次检测,测量结果如下表所示。

对氯化物的四次检测结果

	无水氯化镭	氯化银	M
I	0.1150	0.1130	220.7
II	0.1140	0.1119	223.0
III	0.11135	0.1086	222.8
IV	0.10925	0.10645	223.1

此后,我对这份氯化物又进行了提纯,得到了一种更加纯净的物质,在它的光谱上,原来两条最强的钡谱线已经变得非常暗弱。既然钡的光谱反应非常灵敏,德马凯于是估计经过再提纯的这种氯化物中钡的含量一定微乎其微,不会对镭的原子量测量有多大影响。我对这种非常纯的氯化物进行了三次检测,结果如下表所示。

对氯化物的三次检测结果

	无水氯化镭	氯化银	M
I	0.09192	0.08890	225.3
II	0.08936	0.08627	225.8
III	0.08839	0.08589	224.0

　　表中给出的镭原子量的平均值为 225。采用的原子量计算方法同得到前表数值的方法相同,也是把镭考虑成二价元素,它的氯化物的分子式为 $RaCl_2$。银和氯的原子量分别取 $Ag=107.8$,$Cl=35.4$。

　　于是,镭的原子量为 $Ra=225$。

　　称重使用的是一台居里无振荡天平,经过认真校准,精确度达到二十分之一毫克。这种直接读数的天平,称重快速,这在用于称重镭和钡的无水氯化物时是一个必须满足的要求。这两种氯化物都会吸收周围的湿气,尽管天平中已经放有干燥剂。要称重的物体被放进一个铂坩埚内。这个坩埚可以长期使用,在一次称重期间,重量变化不会超过 0.1 毫克。

　　把通过结晶得到的含水氯化物放入坩埚,加热,直到它变为无水氯化物。然后把经过脱水处理的这种氯化物放在 100℃下保持数小时,直到它的重量能够维持恒定,即使温度上升到 200℃ 也不会改变。这样得到的无水氯化物才是一个完全有确定重量的物体。

　　为了检查被称重的物体是否已经有了确定的重量,我在称重时采取了一系列办法。将待测氯化物(100 毫克)放入烤箱,在 55℃ 下烘干,然后放置在下面为无水磷酸的干燥器上。干燥器上的氯化物重量在慢慢减少,这表明它仍然含有潮气,12 小时内重量损失了 3 毫克。把氯化物再放回烤箱,将温度上升到 100℃。这期间,氯化物的重量损失了 6.3 毫克。在烤箱内放置 3 小时 15 分钟之后,它的重量又损失了 2.5 毫克。把温度维持在 100℃ 和 120℃ 之间,经过 45 分钟,引起的重量损失为 0.1 毫克。此后,在 125℃ 下保持 30 分钟,重量未见减少。但是,接着在 150℃ 下再保持 30 分钟之后,重量又损失了 0.1 毫克。最后,加热到 200℃ 保持 4 小时,重量损失 0.15 毫克。在进行上述操作期间,坩埚重量的变化为 0.05 毫克。

每次测量原子量之后,还需要把镭转变成氯化物。方法是向含有被称重的硝酸镭和过量硝酸银的溶液加入纯盐酸,此后将氯化银过滤掉。数次加入过量的纯盐酸后再将溶液蒸发至干。经过这样的处理,溶液中的硝酸就被完全清除干净了。

沉淀出的氯化银一直都有放射性和磷光性。通过测量其中含有的银的数量,我确信没有数量值得重视的镭随着银从溶液中沉淀出来。我测量银含量的方法，是利用在稀盐酸中加入锌所产生的氢气来还原沉淀在坩埚中的氯化银。经清洗后，连同坩埚和其中的金属银一起称重。

我还另做了一项实验，可以证明重新生成的氯化镭的重量与进行操作前相同。

我在测量镭的原子量时进行的这些检查虽然不如直接实验可靠，但足以证明测量没有任何重大误差。

按照化学性质，镭是一种属于碱土族的元素，是碱土族紧接钡下面的一个成员。

按照镭的原子量，镭在门捷列夫的元素周期表上的位置也应该是在钡之后，列在碱土金属纵列中。列在那一纵列中的已经有铀和钍。

镭盐的特性

镭盐，如镭的氯化盐、硝酸盐、碳酸盐和硫酸盐，刚制备出来时，样子很像钡盐，但是它们会逐渐变色。

所有的镭盐在黑暗处都会发光。

在化学性质上,镭盐与对应的钡盐极其相似。但是,氯化镭的可溶性不如氯化钡,两者只是在水中的溶解度近似相同。

镭盐能够自发和持续地发出热量。

普通氯化钡的分离

我们一直想要搞清楚在商品氯化钡中是否含有少量的氯化镭,我们用已经掌握的检测手段都未能在商品氯化钡中发现氯化镭。为此,我们对大量的商品氯化钡进行分离,希望将有可能存在于其中的痕量氯化镭加以浓缩。

把 50 千克的商品氯化钡溶解在水中,加入完全不含硫酸的盐酸使之发生沉淀,结果产生了 20 千克的氯化物沉淀。再把这些氯化物溶解在水中,加入盐酸,结果出现部分沉淀,得到了 8.5 千克的氯化物沉淀。采用在分离混有镭的氯化钡时所使用的同样方法对这些氯化物进行分离,分离过程结束时,得到了 10 克氯化物,这是商品氯化钡中最难溶解的部分。这些氯化物没有放射性,可以断定其中不含镭。结论是,在钡矿石中没有含镭物质。

放射性现象的本质和原因

在开始对放射性物质进行研究时,由于还不知道这些物质的性质,物理学家感到最不可思议的是它们的那种竟然能够自发地发出辐射的特性。今天,我们对放射性物质已经有了相当多的了解,而且还能够将放射性特别强的一种物质——镭——单独分离出来。要想利用镭那些极不寻常的性质,我们就必须深入研究放射性物质所发出的那些射线。通过研究,物理学家发现,放射性物质发出的射线是由多种不同的类型组成的,它们与克鲁克斯管内的那些不同的射线,阴极射线、伦琴射线和极隧射线,存在着许多相似之处。同时,在伦琴射线所产生的次级辐射中和在受到感应而获得放射性的物质所发出的辐射中,也都发现了这些不同类型的射线。

然而,如果说我们总算已经对这种辐射的性质有了很好的了解的话,那么,这种自发辐射的原因对于我们还只能说仍然是个谜。这种自发产生的现象,简直就是一个神秘诱人的费解难题。

自发显示放射性的物质——以镭为代表,它们全都在产生能量。这个事实已经从贝克勒尔辐射、它们的化学效应和发光效应,以及在持续不断地产生热量等现象中清楚地显现出来。

在谈到放射性能量时,我们经常会遇到的一个关于它们的来源问题:它们是在放射性物质自身内部产生的,抑或是另有外部来源。根据这样两种观点曾提出过种种假说,然而迄今为止还没有任何一种假说得到了实验确认。

我们也许可以认为这种放射性能量是先被聚集起来,然后才逐渐向外消散,就像能够长时间维持的磷光那样。我们也可以设想,放射性物质向外发出放射性能量同这种物质内部原子的性质发生的某种变化有关。镭能够持续地产生热量,这个事实显然有利于这种假说。我们可以假定,这种变化伴随有物质的重量损失,并正在向外散发形成辐射的那些物质粒子。我们还可以从引力的能量中去寻找这种放射性能量的来源。最后还有一种可能，也许空间中本来就无时无刻不在穿行着某种未知的辐射，它们在经过放射性物质时被捕获而转化成了后者的放射性能。

人们举出了许多理由，或者支持或者反对这些不同的观点，并力图用实验来验证从这些假说引出的那些结论，但在绝大多数情况下得到的都是否定的结果。铀和镭的放射性能量似乎既不会耗尽，也没有显示出有随时间而变化的明显迹象。德马凯用光谱分析法在相隔五个月后检查他的一种纯氯化镭试样，也没有观察到试样的光谱有任何变化。光谱中那条表明试样中存在着痕量钡的非常明显的主要谱线，在这段时间里并没有变得更强。这说明，在可以察觉的精度，没有镭转变为钡。

海德勒（Heydweiller）曾报告他的一些镭化合物的重量发生了的变化，不过，他的这个结论还不能看成是已经被确认的事实。

厄尔斯特和盖特尔发现，即使把铀放在深达 850 米的矿井底部，它的放射性也没有受到影响。假定放射性物质的放射性真的是源自空间的某种未知的辐射的话，有如此厚的地层阻隔,按理说,那种空间的原初辐射是不可能激发出铀的放射性的。

我们还有意分别在正午和子夜测量过铀的放射性。我们想到,如果导致物质具有放射性的那种假定的原初辐射是来自太阳的话,那么,它们在夜间穿过地球时就会被吸收掉一部分。可是,我们在正午和子夜测得的结果并无差别。

小　　结

最后,在结束我的报告前,我想我应该把我个人在放射性物质研究方面所做的工作在这里简要地梳理一下。

我研究了铀化合物的放射性。我还检查了其他物质,结果发现钍化合物也具有这种性质。我已经查明铀和钍的化合物具有放射性是它们的一种原子特性。

除了铀和钍,我还研究了其他具有放射性的物质。为此,我采用一种精密的电学法研究了大量物质,结果发现某些矿物也具有放射性,但是却不能用其中含有的铀和钍来加以解释。

我由此做出判断，这些矿物中一定含有一种不是铀和钍的放射性物质，它的放射性应该比铀和钍这两种金属更强。

与皮埃尔·居里合作，后来则是与皮埃尔·居里和贝蒙特一起，我得以从沥青铀矿中提取到两种强放射性物质，即钋和镭。

我继续对这两种物质进行化学检查和提炼。我找到了适合于将镭浓缩的分离方法，并成功地分离出了纯净的氯化镭。与此同时，我用数量很少的试样进行了测量，最后以满意的精度确定了镭的原子量。这项工作证明了**镭是一种新的化学元素**。于是，皮埃尔·居里和我建立的这种根据放射性来研究新化学元素的新方法便被证明是完全可行的。

我还研究了钋的射线和镭的可吸收射线被吸收的规律，证明了这种吸收规律为它们所独有，绝不同于已知的其他辐射的吸收规律。

我研究了镭盐的放射性变化、它的放射性受溶解和加热的影响，以及在经过溶解或加热之后放射性随时间恢复的规律。

与皮埃尔·居里合作,我检查了这种新放射性物质产生的各种效应(电学效应、照相感光效应、荧光效应、发光着色效应等)。

与皮埃尔·居里合作,我证实了镭发出有带负电荷的射线的事实。

我们对新放射性物质的研究引发了一场科学热,带动了此后许多同寻找新放射性物质有关的研究以及对已知放射性物质的辐射所进行的深入研究。

梦想成真,发现镭①

我在前面已经说过,1897 年,皮埃尔·居里在进行晶体生长的研究。这一年假期开始的时候,我自己则完成了回火钢磁化性质的研究,并因此得到了全国工业促进会的一小笔补助金。我的女儿伊伦娜也在这年的 9月份出生。在身体恢复以后,我又立即回到实验室,准备我的博士论文。

当时,我和皮埃尔·居里对贝克勒尔在 1896 年发现的一种奇特现象产生了浓厚兴趣。伦琴此前发现的 X 射线引起了人们的联想,不少物理学家都在进行实验,想知道荧光物质在光的作用之下是否也能够发出 X 射线。为此,贝克勒尔着手研究铀盐,结

———————

① p.79—115 为居里夫人为丈夫皮埃尔·居里撰写的传记。——编辑注

果,就像研究工作常会出现的情况,他意外地发现了另一种不是他要得到的奇怪现象,即铀盐能够自发地发出一种性质十分奇特的射线。这就是放射性现象的发现。

贝克勒尔发现这种奇特现象的过程如下:将铀的化合物放在用黑纸包着的照相底板上,照相底板上就会形成一个影像,如同受到了普通光线的照射。这个影像是铀发出的射线穿透黑纸形成的。这种射线还能像 X 射线那样使验电器放电,这是由于它使验电器周围的空气变成了导体。

贝克勒尔还证实,铀射线的这种特性与铀化合物先前的存放情况无关,即使在黑暗中保存数个月,这种特性依然存在。这样就产生了一个问题:铀化合物持续地以辐射形式释放出能量(尽管数量不大),这种能量是从哪里来的呢?

我们非常关注这种现象。这种现象提出了一个完全新的问题,还没有人对此做出过解释,我决定来研究这个问题。

这第一件事是要找到一个做实验的地方。我的丈

夫得到巴黎理化学校校长的批准,可以使用学校的一间
在底层用玻璃搭建起来的研究室,那里原来是一间储藏
室兼机工车间。

要得到比贝克勒尔更好的结果,就必须要找到一
种能够精确测量铀辐射的强度的定量研究方法。而
铀辐射的强度,不难想到,则可以通过测量铀发出的
射线所引起的空气电导性的大小来间接测得。这种
引起空气导电的现象叫作电离。X 射线也能产生电
离现象,此前正是通过研究 X 射线的电离作用才知
道了 X 射线的那些主要特性。

铀发出的射线使空气电离,设法让电流通过被电离
的空气,并测出这种微弱的电流,就可以把这种电流的
大小当作铀辐射强度的一种定量指标。我掌握有一种
测量这种微弱电流的好方法,那就是由皮埃尔·居里和
雅克·居里兄弟发明并已经证实非常实用的一种方法。
居里兄弟发明的这种方法的基本原理,是使电流携带的
电荷与压电晶体所产生的电荷在一个非常灵敏的静电
计中达到平衡,相互抵消。这种方法所需要的设备是一
个居里静电计、一个压电晶体和一个电离室。我最后使

用的电离室其实就是一个金属电容器。电容器的上极板连接到静电计,下极板充电到一个已知电势,上面铺上一薄层待测量的物质。不用说,把这样一套电学测量装置安放在我们那个既拥挤又潮湿的小房间里是非常不合适的。

我的实验结果证实,铀化合物的辐射是可以在确定的条件下精确地加以测量的,而且这种辐射是铀元素的一种原子属性。铀化合物的辐射强度与化合物中铀的含量成正比,而与铀化合物的组成无关,也不受外界环境诸如光和温度的影响。

接着,我又想搞清楚是否还有其他元素也具有这种辐射性质。我把当时已知的所有化学元素都拿来检测,其中有的是纯净的单质,有的是化合物。在我检测过这些物质中,我发现只有钍化合物也在发出类似于铀射线的射线。而且,钍的辐射与铀属于同一强度等级,同铀一样,也是钍元素的一种原子属性。

现在,有必要用一个新的术语来特指铀与钍这两种元素所显示的这种新的物质性质了。我提议把物质的这种性质取名为放射性。这个术语已被普遍使用,而具有放射性的元素就被称为放射性元素。

在我的研究中,我不仅检测过盐类和氧的化合物这些简单的化合物,也检测过大量矿物。检测发现有好几种矿物具有放射性,它们都是含有铀和钍的矿物。然而,它们的放射性似乎十分反常,因为它们的放射性强度远超过了我根据在这些矿物中所发现的铀和钍的含量中所做的预测。

这种反常情况使我十分惊诧。经过仔细检查,我确信这不是由于我的实验有差错引起的,对此必须做出解释。我于是猜想在含有铀和钍的这些矿物中还含有少量的另一种物质,它也具有放射性,而且强度应该远超过铀和钍。由于我已经逐个检测过所有的已知元素,那么这种物质就不可能是已知元素,而一定是一种新的化学元素。

我非常兴奋,急切地想尽快证实我的这个假定。皮埃尔·居里敏锐地看出了这个问题的重要性,于是停止他的晶体研究工作(他当时以为只是暂时搁置),也来和我一起寻找这种未知的物质。

我们挑选用来在其中寻找这种新元素的原材料是

一种含铀的矿石,即沥青铀矿,因为纯净的沥青铀矿石的放射性非常强,其强度为氧化铀的 4 倍。

我们通过非常仔细的化学分析已经知道了这种矿石的成分,因此,我们可以估计出在这种矿石中,我们要找的那种新元素的含量最多不会超过百分之一。我们后来实验的结果是,沥青铀矿中确实含有以前所不知道的放射性元素,但是它们的含量甚至还不到百万分之一!

我们使用的化学研究方法,是基于新物质具有放射性的一种新方法。这就是,用普通的化学分析手段进行浓缩分离,每得到一种分离产物,便在合适的条件下测量它的放射性强度。随着分离过程的进行,要寻找的那种放射性元素在所得到的分离产物中的浓度越来越高,而分离产物的放射性也越来越强,于是我们最后就可以知道那种未知放射性元素所具有的特征。我们很快就做出了判断,产生放射性的主要是两种不同的化学分离物,从而断定沥青铀矿中至少存在着两种新的放射性元素,即钋和镭。我们于 1898 年 7 月宣布了钋的存在,同年 12 月，又宣布发现了镭。[①]

尽管我们的研究工作相对来说进展很快，但是，全部完成这项研究还需要继续做大量的工作。我们可以认为这两种新元素的存在是不容置疑的，但是，要使化学家们也承认它们的存在，则还需要将它们分离出来。然而，当时我们得到的放射性最强的产物（放射性强度为铀的几百倍），其中含有的钋和镭都仅为微量。钋夹杂在从沥青铀矿提炼得到的铋中，而镭夹杂在从这种矿石提炼得到的钡中。我们已经知道用什么方法大概可以从铋中分离出钋和从钡中分离出镭，但是，进行这种分离需要用到更多作为原料的沥青铀矿石，而我们现有的数量远远不够。

在此期间，我们的研究工作由于缺乏必要的条件，实在是难以维系，既没有合适的场所，又缺乏资金和人员。

沥青铀矿石的价格很贵，我们无钱大量购买。当

---

① 这后一篇论文是我们与贝蒙特（G. Bémont）共同署名发表的，他参加了我们的实验。

时,沥青铀矿石的主要产地在圣约阿希姆斯塔尔(波希米亚),奥地利政府在那里开办了一家提取铀的工厂。铀矿石在提取了铀之后成为废渣,全都堆积在那里毫无用处。我们断定,在那种铀矿废渣中一定保留有原来铀矿石中全部的镭和一部分钋。多谢维也纳科学院的疏通,我们以优惠的价格买到了几吨这种废渣,用作我们的原料。开始时,我们是用自己的钱来支付我们实验所需的费用,后来总算从政府得到了一点补助,还有外界的一些资助。

实验场地是一个大问题,我们找不到地方进行化学提炼工作。在我们安放电学测量装置的那个工作室的前面是一个院子,院子对面有一个被遗弃的储藏室。不得已,我们就在那个储藏室进行化学提炼工作。那其实是一个棚屋,地上铺着沥青,玻璃屋顶漏雨,里面没有任何设施。全部物件不过就是几张磨损的松木桌、一个已经不能使用的生铁炉和一块皮埃尔·居里经常使用的黑板。由于没有排气罩,无法排除我们进行化学处理时所产生的有毒气体,我们不得不到院子里工作。遇到恶劣天气,则只好搬回到棚屋,把所有的窗户都打开,继续进行化学提炼工作。

我们在这个勉强凑合着使用的实验室里工作了两年，几乎没有得到任何帮助。在这两年中，我们的所有时间都在不停地进行化学提炼，并忙着研究我们所得到的那些放射性越来越强的分离产物的辐射。这时，我和皮埃尔·居里进行了分工，他继续研究镭的性质，而我则继续进行化学实验，目标是要得到纯净的镭盐。

我每次要炼制多达 20 千克的原料，棚屋里摆满了好些大容器，里面装满了沉淀物和液体。搬动这些大容器，倾倒溶液，用一根铁棒连续几个小时地搅动铁锅内沸腾的物质，这些都是非常耗体力的、令人劳累的工作。我要通过化学处理从铀矿废渣中提炼出同钡混杂在一起的镭，最后通过结晶分离得到氯化镭晶体。镭应该聚集在最难溶解的那些物质中，我相信，利用上述方法就可以分离出氯化镭。

在最后阶段反复进行结晶处理需要特别仔细和小心，我的那间实验室根本无法预防铁屑和煤尘的污染，因此，越是到后期，结晶操作越难。到年底，已经得到的结果清楚地显示分离镭应该比分离钋要容易一些，于是我们便集中力量来分离镭。每得到一种镭盐,我们都进行检测,测量它的放射性强度。我们还把这些镭盐的试样借给几位科学家使用,①其中特别应该提到贝克勒尔。

在 1899 年和 1900 年,皮埃尔·居里和我发表了多篇研究论文。其中一篇是关于发现镭引起感生放射性的研究报告;另一篇是介绍镭射线的各种效应,如发光效应、化学效应等;还有一篇是探讨镭射线中的不同成分所携带的电荷。在巴黎的物理学大会上,我们做了一个综述性学术报告,介绍新发现的放射性物质和它们的辐射。此外,我丈夫还发表了一篇关于磁场对镭射线的作用的论文。

---

① 作为例子,我在这里引用保尔森(Adam Paulsen)在 1899 年写给皮埃尔·居里的一封信,信中感谢他借给放射性物质。

先生,我最尊敬的同事:

非常感谢你在 8 月 1 日写给我热情洋溢的信,我是在冰岛的北部收到这封信的。

我们现在已经放弃以前一直使用的借助一个固定导体来确定它周围空气中某些地点的电势的那些测量方法,而只使用你向我们介绍的放射性粉末法。

先生,我最尊敬的同事,请接受我的问候,并再次感谢你对我的探险队的巨大帮助。

亚当·保尔森
1899 年 10 月 16 日于亚克利伊

　　我们和其他一些科学家在那几年所取得的研究结果，搞清楚了镭所发出的射线的组成，证明镭射线其实包含了三种不同的成分。镭发出的射线中包含有两种以高速运动的具有活性的微粒。其中一种微粒带有正电荷，形成 α 射线；另一种小得多的微粒带有负电荷，形成 β 射线。这两种成分的运动都会受到磁场的影响。第三种成分是不受磁场影响的射线，现在已经知道，那是一种与光和 X 射线相类似的辐射。

　　在我们的实验室里，看到我们得到那些含有浓缩镭的产物自发地闪闪发光是一种非常愉快的体验。我的丈夫原来只指望我们得到的产物会显示美丽的颜色，没有想到它们竟然会发光。他说，这种未曾料到的特性令他更加欣喜。

　　1900 年的物理学大会给了我们一次近距离向国外科学家介绍我们所发现的新放射性物质的机会。这项成果也是那次大会大家关注的焦点之一。

　　这项我们起初并没有抱太大期望的发现竟然向我们打开了一个全新领域的大门，我们兴奋不已。尽管工作条件艰苦，我们却觉得十分愉快。我们整天都待在实验室里,常常只吃一顿学生们吃的那种简单的午餐。破旧简陋的棚屋里,没有外来打扰,宁静而安详。只是在某一项操作过程进行的空隙,我们才会在室内走动一下,同时谈一谈现在和将来的研究工作。觉得寒冷时,我们也会坐在火炉旁呷一杯热茶,放松一下。我们紧张地工作着,全神贯注,简直像是着了魔。

有时候,我们在晚上吃完晚饭还会回到实验室看一看。我们没有专门存放我们辛苦得到的那些产品的地方,它们都放在桌子上或搁板上。无论从哪个侧面看,我们都可以看见它们微亮的轮廓。这些若隐若现的亮光就像悬浮在黑暗之中,给人一种奇幻的感觉,从未有过的美好体验。

巴黎理化学校并没有为皮埃尔·居里指定帮手,但是,在皮埃尔·居里当实验室主任时他曾经给予过必要帮助的一位助手,一有时间就会自动跑来帮助皮埃尔·居里尽其所能做一些事情。这位好心人叫作佩蒂特(Petit),对我们很有感情,十分热心,帮了不少忙。他有一颗善良的心,热切地盼望我们取得成功。

我们进行放射性研究,开始时只是两人一起工作,随着要做的事情越来越多，我们逐渐认识到这是一个需要大家一起来做才能完成的课题。在 1898 年，巴黎理化学校的一位实验室主任贝蒙特就已经来帮助过我们一段时间。在快进入 1900 年的时候，皮埃尔·居里认识了弗里德耳（C. Friedel）教授的一名叫作德比尔纳的助手，他是一位年轻化学家，十分敬重皮埃尔·居里。他欣然接受皮埃尔·居里的建议，也开始进行放射性研究。我们当时曾猜想在铁族和稀土族里还应该有一种新的放射性元素，德比尔纳集中精力寻找，果然发现了这种元素。那就是"锕"。他的这项工作虽然是在佩林（J. B. Perrin）教授的指导下在巴黎大学的理化实验室完成的，可是他经常到这间本来是储藏室的实验室来看望我们，很快就成为我们连同皮埃尔的父亲居里大夫和孩子们的亲密朋友。

大约就在这同一时期，有一位叫作乔治·塞格纳克的年轻物理学家正在进行 X 射线研究，他会常常来与我丈夫讨论放射性物质发出的射线和 X 射线两者有可能存在着的那些相似性、这两种射线的次级射线以及放射性物质的辐射。他们还一同研究了次级射线所携带的电荷。

　　除了到我们这里来的合作者,在我们的实验室就很难再见到别人。不过,时不时也会有物理学家或者化学家来参观我们的实验,向皮埃尔·居里咨询一些问题。那个时候,皮埃尔·居里在物理学的不少领域的权威性已经得到了公认。在这种场合,我们实验室里的黑板前就会有一场讨论。

　　即使今天回想起那些讨论也是一件令人愉快的事情,因为那些讨论激发了在场所有人对科学的兴趣和工作热情,却不会打断我们的思路,也没有扰乱实验室原来安详凝重的氛围。那就是我们那间实验室的真实情形。

成名后的烦恼

1903 年,我们应英国皇家学会的邀请访问了伦敦,我的丈夫在那里作了关于镭的演讲。在这次访问中,他受到了最热情的接待。尤其令他高兴的是,他在伦敦再次见到了开尔文勋爵。开尔文勋爵非常喜欢他,尽管年事已高,但仍然保持了对科学的旺盛兴趣。这位杰出的科学家非常高兴地拿出一个小玻璃瓶给我们看,里面装的是皮埃尔·居里以前送给他的镭盐颗粒。我们还会见了其他一些著名的科学家,如克鲁克斯(Crookes)、拉姆塞(Ramsay)、杜瓦(J. Dewar)等。皮埃尔·居里曾与杜瓦合作,发表过《镭在极低温度下的放热》和《镭盐中氦气的形成》两篇研究论文。

几个月后,英国皇家学会授予皮埃尔·居里一枚戴维奖章(Davy Medal)(同时也授予了我一枚)。差不多与此同时，我们与贝克勒尔一起共同获得 1903 年诺贝尔物理学奖。我和我丈夫因身体状况不佳，未能出席当年 12 月举行的颁奖仪式。直到 1905 年 6 月，我们才前去斯德哥尔摩，由皮埃尔·居里作了诺贝尔奖演说。我们在斯德哥尔摩受到了热情接待，并且有幸观赏了瑞典旖旎的自然风光。

获得诺贝尔物理学奖对于我们是一件重大的事情，因为在 1901 年建立的诺贝尔基金会具有极大的威望。更何况从经济方面看，即使奖金的一半，也是一笔巨大的款项。这意味着皮埃尔·居里以后可以把他在巴黎理化学校的教学工作移交给朗之万（P. Langevin）。郎之万是他以前的学生，是一位非常有才能的物理学家。而且，皮埃尔·居里还有可能聘请一个助手来帮助他工作。

不过，好事也带来了许多烦恼。获得诺贝尔奖使我们成为公众人物，大量应酬搞得毫无准备也不善于应酬的皮埃尔·居里不胜其烦。来访的人不断，天天都收到大量信件，还有许多约稿和演讲邀请，所有这些都是既费精力又要占用很多时间的事情。皮埃尔·居里为人宽厚，不愿意拂逆别人的好意和要求。他同时又明白，如果总是这样盛情难却，他的身体必然会被拖垮，他的宁静心境和研究工作也一定会被打乱。在他写给纪尧姆（C. E. Guillaume）的信中，有这样一段话：

> 人们请我写文章和作讲演，如此过不了几年，向我提出这些要求的人就会惊讶地发现我们再没有干出任何事情。

在这段时间写给古伊（C. E. Guye）的另一些信中，他表达了自己当时的心情：

> 如你所知道的，我们现时正在走好运，然而福为祸始，烦恼也接踵而来。我们简直无片刻安宁。这些日子，我们几乎连喘气的工夫都没有。我们真希望能够远离人群，到荒原去过那种与世隔绝的生活。

> 1902 年 3 月 20 日

> 请你原谅，早就想给你写信，但是一直没有动笔。这是因为我现在正过着一种令人厌烦的生活。正如你所知道的，突然兴起的一股对镭的狂热把我

们变成了公众名人。我们被来自世界各国的新闻记者和摄影师追逐着,他们甚至将我的女儿和她的保姆之间的谈话也报道出去,还对我们家的那只黑白花猫作了详细描写。……不仅如此,还有不少人向我们提出向他们捐钱的要求。……大量请我亲笔签名的人、附庸风雅的人、社会名流,有时甚至还会有科学家,一下子都涌来了,挤满了我们那个本来十分安详宁静的实验室。每天晚上,我们还不得不写大量回信。这些事情搞得我晕晕沉沉。如果这些无聊的活动能让我得到一个教授席位和一个实验室,那倒也还值得。然而事实是,大概会设立一个教授教席,但不会有一个实验室,而我最想要的却是实验室。李亚德(L. Liard)院长的想法是,趁现在这个机会为学校设立一个早就想设立的新教席。他们想设立的那个教席没有固定的授课内容,大概就像法兰西学院开设的一门课程。果真如此的话,那么我每年都要改变我的授课内容,那真是够烦人的。

1904 年 1 月 22 日

……我不得不放弃瑞典之行。你知道，这是违背我们同瑞典科学院的约定的。事实上，我现在已经不能再做任何要消耗体力的事情，我妻子的情况也同我一样。我们已经不指望能够再过以前那种安心工作的日子了。

至于研究工作，我现在是什么都没有做。每天备课，指导学生，安装仪器，没完没了地接待为了一点小事来打扰我的人。我就这么虚度光阴，一事无成。

1905 年 1 月 31 日

今年你不能到我们这里来，我们非常遗憾，我们本来希望能够在 10 月份看见你。如果我们不想法抓住各种机会的话，那么我们就会同我们最好的那些彼此投缘的朋友们失去接触，而只能同那些随时都可以见到的其他人打交道。

我们近来依然是忙忙碌碌地打发日子，无法做成任何一件有意义的事情。我已经有一年多没有进行任何研究了，简直没有一点可以自己支配的时间。显然,我还没有找到一种防止我们的时间就这样零敲碎打地被无聊的小事占去的办法,而我非得找到这种办法不可。在理性上,我知道这是一个生死攸关的问题。

1905 年 7 月 25 日

明天我将开始正式讲课,但是我的实验条件实在是太差了。讲课地点在巴黎大学,而我的实验室却在居维叶路。而且,还有其他许多堂课也被安排在这同一间教室,我只有一个上午能够在那里备课。

我的身体不是很好也不是很坏,不过很容易感到疲劳,简直没有多少精力从事研究工作。相反,我的妻子倒是精力旺盛,要照料小孩,要去塞夫勒上课,还要在实验室做研究。她不浪费哪怕一分钟,每天能够大部分时间都在实验室里工作,比我强。

1905 年 11 月 7 日

从总体上说,尽管有来自外界的种种干扰,通过我们的主观努力,我们仍然保持了简单的生活,同以前一样,深居简出。1904年年末,我们的第二个女儿出世,取名为艾芙·丹尼丝(Eve Denise)。她出生在克勒曼大街那所不大的房屋里,那时,皮埃尔的父亲居里大夫仍然同我们住在一起。我们只同为数不多的几位朋友有往来。

大女儿长大稍懂事以后,成了她父亲的小伙伴。她父亲对她的教育非常用心,喜欢在空闲时带她出去散步,在他的假期更是这样。他常常会正儿八经地与伊伦娜进行交谈,回答她提出的所有问题,非常高兴地发现她智力上的进步。两个女儿从小就得到皮埃尔·居里的钟爱,而他也总是耐心地了解孩子的要求,尽最大可能帮助他们成长。

皮埃尔·居里在其他国家有很高的声望,相比之下,他在法国却没有得到应有的评价。拖到很晚,法国才总算跟了上来。皮埃尔·居里在45岁时已经是法国第一流的科学家,然而,作为一名教师,他的地位却很低。这种反常的情况引起了公众舆论的不满。巴黎科学院的院长李亚德借助舆论的影响向议会申请在巴黎大学为皮埃尔·居里设立一个新的教授教席，并在1904—1905学年一开始又授予他巴黎科学院名誉教授的头衔。一年后，皮埃尔·居里正式离开理化学校，由郎之万接替他在该校的职位。

在巴黎大学设立这个新的教授席位也并非一帆风顺。最初的计划是只设教席而不配置实验室。皮埃尔·居里觉得，他如果接受这个职位，不但没有得到更好的工作条件，反而有可能失去原来还算差强人意的工作条件。他写信给他的上级，表示他决定仍然担任在理化学校的教学工作。由于他的坚持，事情出现了转机。新教席追加了设置实验室和聘用必要人员的预算。实验室人员包括一个实验室主任、一个助手和一个实验室工友，并决定由我担任实验室主任。对于这样的安排，我丈夫非常满意。

在离开理化学校时，我们感到恋恋不舍，我们毕竟在那里愉快地工作了许多日子，尽管工作条件很差。对于我们的棚屋，我们有一种特殊的感情。以后几年我们都会不时地回去看一看，棚屋尽管还在，但破损却越来越严重。后来,理化学校把它拆除,在那里建了新楼。我们保留有那座棚屋的好些照片。在被拆除前,前面提到过的那位给过我们很多帮助的忠厚的佩蒂特赶来告诉我。此时我的丈夫已经去世,我独自一人赶去最后一次朝觐了它。看着就要消失的棚屋,我思绪万千。黑板上皮埃尔·居里书写的笔迹还没有擦去,他一直是这个地方的灵魂。棚屋虽然寒碜,毕竟为他提供了从事研究的地方。目睹这里的一切,勾起了我对他的种种回忆。残酷的现实犹如噩梦一般,我多么希望能够在这里看到他高大的身影,听到他那熟悉的声音啊!

议会批准设立这个新的教授席位,却没有决定立即建造一个实验室,而发展放射性这门新学科却不能没有实验室。皮埃尔·居里于是保留了他在在理化学校的小工作室,并作为一种临时解决困难的办法,占用了当时在理化学校没有使用的一个大房间。后来又在院子里建造一个有两个房间的小屋。

这就是国家最后给予皮埃尔·居里的全部优惠。想到法国的一位一流科学家,尽管早在他20岁时就已经崭露了他的天才,可是直到逝世也没有一个比较好的

实验室供他进行研究工作,心中不免感到一阵悲哀。当
然,他如果能够活得长些,也许会得到比较满意的工作
条件,但是随着他在 48 岁时英年早逝,这都成了空话。
我们可以想象,一位热忱无私的学者,全部身心埋头于
一项伟大的研究,可是一生都受到物质条件的掣肘,最
终也未能实现自己的梦想,他该会留下多么大的遗恨
啊!这个国家有她最优秀的儿女,是她最大的一笔财
富,然而他们的天赋、才能和勇气竟然遭到荒废,这不能
不让我们感到深深的痛惜。

　　皮埃尔·居里一直渴望拥有一个好的实验室。由
于他已经是社会名人,在 1903 年,他的上级感到了压
力,劝他接受政府授予的荣誉军团勋章。他坚持在上一
章①中提到过的他对这一类事情的看法,坚决拒绝了。
同前面提到他写信给理化学校的校长拒绝法国教育部
骑士勋章一样,这次他也写信给校长,信中明确说明了
他需要的是什么:

　　　　我请你代我感谢部长,并请告诉他,我根本不

---

　　①　指原书中篇的第五章。——编辑注

需要勋章,我最需要的是一个完善的实验室。

在被任命为巴黎大学的教授以后,皮埃尔·居里被要求开设一门新的课程。在这个新的教授位置上,他可以自定课程内容,有很大的选择余地,享有充分的自由。利用这种有利条件,他得以重新捡起他所喜爱的学科,向学生讲解对称定律、矢量场和张量场,以及这些概念在晶体物理学中的应用。他还打算扩充这一部分讲课的内容,使之把整个晶体物理学都涵盖进来。这部分内容用处很大,而在法国懂的人却非常少。他讲课的另一部分内容是放射性,向学生介绍这个新领域的一系列发现,以及这些发现在科学上所引发的革命。

皮埃尔·居里要花很多时间备课,还经常生病,但他始终没有停止过他的实验室工作。这时,实验室的条件已有很大改善,而且管理得也比较好。实验室的面积扩大了一些,已经可以容纳几个学生在里面工作。他在这里与拉伯德(A. Rabold)合作研究矿泉水和矿泉所释放的气体。这是他发表的最后研究工作的成果。

这时,他正处于智力的顶峰。人们不得不佩服他在阐述物理理论时所进行的那种说服力非常强的严密推理、对基本定律的那种透彻理解，以及发现深藏在现象背后的意义的那种直觉能力。他的这种思维能力是他一生都在进行研究和思考而得以完善的。他的实验技巧一开始就十分突出，通过不断实践，已经达到了炉火纯青的境界。当他安装成一套精巧的实验装置时，他会像完成一件艺术品一样感到快乐。他还喜欢设计和制造新的仪器设备。我曾对他开玩笑说，他要是不能每半年搞出个新玩意，就会闷闷不乐。天生的好奇心和丰富的想象力使他兴趣广泛，会关注到许多非常不同的研究方向，有时会令人吃惊地突然改变研究对象。

他对于自己要发表的研究结果，在科学内容上十分谨慎，务必真实和准确。他的论文，科学内容表述清晰，而且在表达自己的观点时也十分注意用词准确，绝不对没有完全清楚的事物下断言。关于这个问题，他的看法如下：

　　在研究未知现象时，我们可以先做出一个很普遍的假说，然后借助经验事实一步步地向前推进。

这种方法比较可靠,但进展必然缓慢。反之,我们也可以大胆提出一个用来说明某种现象出现机制的精确假说。这种研究方法的优点在于能够启发我们可以用怎样的实验来证明所提出的具体假说,更重要的是,这种比较具体的精确假说还能够在我们进行推理时心中有一个比较具体的图像,不至于过分抽象。不过,我们也不能指望凭借实验结果就能构想出一个复杂的理论。具体的精确假说差不多总是在包含有一部分真理的同时也必然包含有一部分错误。精确的假说纵然包含有一部分真理,它也只构成了某个更普遍的命题的一部分,最终还是要回到这个一般性的命题。

最重要的是,皮埃尔·居里可以很快就想出一种假说,但是他绝不会发表自己的尚不成熟的看法。他进行研究不是为了赶时髦急于发表什么,而更喜欢选择只有少数研究者在进行研究的某个冷门。当放射性研究变得十分热火时,他甚至一度想要放弃这个领域的研究,重新捡起他中断了的晶体物理学研究。他还想要对不同领域的各种理论问题做一番全面考察。

皮埃尔·居里对自己的教学工作非常用心,想方设法加以改进。他通过教学实践有了自己关于教育方针和教学方法的看法。他认为,教学应该联系实际,同大自然保持接触。科学院教授协会刚一成立,他就说出了他的观点,希望能够被采纳。他说:"无论在男子中学还是女子中学,都必须把科学教育当成主要教学内容。"

"不过,"他又说,"这样一种观点大概很难得到支持。"

在他生命最后的那些日子,他的创造力得到了施展,只可惜时间太短。他刚刚看到以后的研究工作大概不会像以前那样艰难,他那辉煌的科学生涯便就随着他的突然不幸去世而猝然结束,真叫人痛心。

1906 年,皮埃尔·居里的老病加重和过度疲劳,他和我及孩子们到切弗罗斯峡谷(Chevreuse Valley)去过复活节。那两天阳光明媚,一家人过得十分惬意。皮埃尔·居里和至爱亲人在一起,身心完全放松,他觉得疲劳感一下子减轻了许多。他和两个女儿在草地上嬉戏,接着又和我谈起她们的现在和未来。

回到巴黎，他参加了物理学会的一个聚餐会。他坐在彭加勒的旁边，同后者就教学方法问题进行了长时间的交谈。会后，我们两人步行回家，他仍然兴奋地向我继续谈他理想中的如何培养人才的想法，对于我赞同他的意见非常高兴。

第二天，1906年4月19日，他出席科学院教授协会的一个会议。在会上，他与其他教授讨论了该协会的宗旨。会后，他离开开会地点，在他横穿多非纳路（rue Dauphine）时，从庞纽夫（Pont Neuf）驶来的一辆载货马车将他撞倒，车轮从他身上碾过。他受到严重的脑震荡，当即死去。

一场车祸就这样残酷地摧毁了一位奇才，摧毁了他的生命，同时也摧毁了他刚看到的那种希望。他永远也不能再回到他的研究室了，而研究室里，他从乡下采来的金凤花依然色彩鲜艳。

实验室：神圣之地

我不想在这里说皮埃尔·居里的不幸去世给他全家人带来的那种悲痛。通过前面的介绍，读者一定会理解他对于他的父亲、他的哥哥和他的妻子意味着什么。他还是一位尽职的父亲，爱自己的孩子，喜欢和她们在一起。我们的两个女儿当时还太小，不懂得降临到我们身上的是多么大的灾难。她们的祖父和我共同承受着这种不幸，尽可能不让她们的童年被这场灾难蒙上太多的阴影。

皮埃尔·居里去世的消息震惊了法国和其他国家的科学界。大学校长和教授们纷纷来信表示哀悼，还有大量外国科学家也来信来电悼唁。皮埃尔·居里尽管一向低调，在公众中却享有很高的声望。大量来自我们认识的和不认识的个人的来信，表达了他们对于他的那种真挚情感。同一时期,报刊上发表了许多情真意切的悼念文章。法国政府送来了正式的悼唁信,一些外国首脑也寄来了他们个人的吊唁。法国引以为豪的一位最纯洁的人就这样消失了,谁都知道这是国家的一个悲哀。[①]

按照他生前对我说过的意思,我们按照他的遗愿将他安葬在索城的一个不大的家族墓地里。葬礼非常简单,没有正式仪式,也没有人致悼词,只有他的朋友们把

---

① 从大量的悼唁来信和来电中,作为例子,我摘引出今天已经去世的三位伟大科学家的几段文字,可以看出科学界对皮埃尔·居里的评价。

贝特洛(P. E. M. Berthelot)写道:
夫人:
我无法不立即向您表达我的深切悲痛,实际上,我表达的是法国和外国所有科学家的一种悲痛,那是你和我们大家共同的损失。不幸的消息犹如晴天霹雳,让我们震惊!他对科学和人类已经做出过那样多的贡献,我们本来期待着这位和蔼可亲的发明家还会做出更多的贡献。可是,这一切全都在瞬间消失了,或者说,已经变成了一种记忆!

李普曼(G. Lippmann)写道:
夫人:
我正在旅途中,很晚才得到这个可怕的消息。我觉得我就像失去了自己的一个兄弟。我以前没有意识到我与您丈夫的关系是多么的亲密,现在,我终于明白了。我也为夫人您感到难过。请接受我真诚的敬意。

开尔文勋爵的来信:
居里逝世的可怕消息令我万分悲痛。告诉我什么时候举行葬礼。我们将于明天上午到达米拉宝饭店。

他送回到他的最后归宿。他的哥哥雅克想到他的弟弟确实已经不在人世，对我说："他具有所有的才能，没有第二个人能够比得上他。"

我继承了这副沉重的担子，以期将来有一天能够按照他的遗愿建成一个无愧于他的实验室。他活着的时候虽然未能有过那样一个实验室，但是其他人却可以在那里工作继续发展他的思想。我的这个希望现在已经部分地实现了。巴黎大学和巴斯德研究所共同发起，目前正在建造一个镭研究所。这个镭研究所将由两个实验室组成，一个居里实验室和一个巴斯德实验室，专门进行镭射线的物理化学研究和生理学研究。为了表示对已经逝去的这位伟人的敬意，通向研究所的那条新街已经被命名为皮埃尔·居里路。

然而，从发展放射性研究和推广它的医疗应用的角度看，法国现在的镭研究所的条件还是不够的。某些最权威的人士现在认识到，法国必须要有一个类似于英国和美国那样的以发展居里疗法为主要任务的镭研究所，因为居里疗法现在已经被证明是一种与癌症进行斗争的有效方法。我们希望能够得到那些有远见的人士的慷慨捐助，在今后几年内能够建成一个完善的、规模更大的、同我们的国家相称的镭研究所。

为了缅怀皮埃尔·居里，法国物理学会决定出版他的论文全集。全集由郎之万和谢纳沃主编。全集只有一卷，大约 600 页，于 1908 年出版，我为它写了序言。这个独一无二的论文全集，内容十分重要，涉及许多不同领域，忠实地反映了作者的智力成果。人们从中可以看到极其丰富的思想和大量的实验事实，由此可以非常自然地引出明确的结果。论文只是在确有必要的地方才会有少量的解释和说明，而且无懈可击，可以说全都是经典之作。皮埃尔·居里既是科学家，又有写作天赋，遗憾的是，他生前从没有写过一本回忆录或者一本书。那不是因为他没有这种打算，事实上他还曾有过好几个这类写作计划。他的那些写作计划之所以始终未能付诸行动，是因他从未有过空闲，在艰难的工作条件下，他的所有时间都不得不全部用于他的工作。

最后，让我们回顾一下这本简短传记的内容。在这本传记中，我试图勾画出一个人的真实图像。这个人行事低调，以其罕见的天赋和独特的品德，顽强地追求他的理想,造福于人类。他坚定不移地走自己选择的新路。他知道有一个崇高的使命正等待着自己去完成,青年时期产生的那个神秘梦想将他从寻常的人生道路推向一条他称之为违逆天性的生活轨迹,注定了他必然要失去许多寻常生活的乐趣。尽管如此,他毫不犹豫地使自己的思想和愿望服从这一梦想,使自己适应它,与之渐趋一致。他只相信科学和理性的那种亲和的力量,为寻求真理而生活。他不存偏见,真诚地对待一切事物,并以此来理解别人和要求自己。他没有常见的那种低级趣味,不要名利地位。他没有敌人,即使通过自身努力已经成为一位时代精英,也是如此。同所有其他的时代精英一样,他以他内在的力量对世界产生了深远影响。

我们应该知道,一个如此生活的人是要做出很大的牺牲的。一位伟大科学家的实验室生活并不是如许多人所想象的那样完全避开了世俗的烦恼,有着田园生活一般的恬静。他必须艰难地排除各种干扰,对自己所在环境中的各种事情做出痛苦的抉择,更重要的是,还必须与自己做痛苦的斗争。任何一项伟大发现都不是从朱庇特的颅骨里蹦出来的手持战矛的雅典娜,绝不是从哪位科学家的大脑凭空跳出来的,它是大量前期工作积累的成果。收获的日子并不多,这其间更多的是不知所措,就像是一事无成,山穷水尽。在这种时候,他必须坚持,毫不气馁。皮埃尔·居里就是这样一位永远保持了坚定信念的科学家,他有时会对我说:"的确艰苦,但是我们选择了这种生活。"

他具有令人钦佩的才华,为人类做出了巨大贡献,而我们的社会又回报给了这位科学家什么呢?那些自称是社会公仆的官员们想到过应该给科学家提供必要的工作条件了吗?科学家的生存条件真的有保障,能够不忧愁日常生活琐事吗?皮埃尔·居里的事例,还有其他一些科学家的事例,表明他们并没有得到这种能够安心工作的条件。更多的情况是,他们在有可能获得必要的工作条件之前,早已经在日复一日的盼望中耗尽了自己的青春和精力。我们的社会热心追逐富贵和奢侈,却不懂得科学的价值,没有认识到科学是人类精神遗产中最宝贵的部分,也没有切实认识到这样一个事实:科学是一切进步的基础,可以减轻人类生活的负担和苦难。

事实上，政府的资金或私人的捐助都没有为科学和科学家提供进行真正有效的工作所必不可少的那种支持和经济补贴。

作为皮埃尔·居里传记的结束，我要在这里援引巴斯德（L. Pasteur）就这个问题向社会做出的呼吁：

> 如果这些造福于人类的科学战利品对你的心灵有所触动，如果你被电报、银板照相术、麻醉术以及其他种种神奇的发明带给我们的惊人好处所折服，如果你认为这些正在得到普及的奇迹也应该有你的祖国的发明，那么我请你对我们称之为实验室的神圣之地给予一点关心。需要建更多的实验室，它们还需要添置设备，因为这些实验室是祈求未来的殿堂，是祈求财富和好日子的殿堂。人类正是有了这些殿堂才得以成长，使自己变得更加坚强，更加完善。在实验室里，我们可以通过阅读大自然的作品而洞察到进步和普遍的和谐，尽管大自然自己创造的万物大多具有野蛮性、盲目性和毁灭性。

希望全社会都能懂得这个真理,希望巴斯德的这些话能够成为公众的一种共识。但愿在未来的日子,那些为人类谋幸福而勇于开辟新领域的先驱者们的工作不再如此艰难。

居里夫人自传

第一章 少女时代和结婚

我的好些美国朋友一再劝说我,要我写下我这一生的经历。对于这些建议,起初我只是听听而已,最后,我终于被说服了。不过我知道,在这个自传中,我不可能完全写出我曾经有过的所有感受,也不可能详尽地一一记录下我尚能记起的所有事情。我的许多感受已经随着岁月的流逝发生了变化,还有不少感受已经被逐渐淡忘。过去经历过的那些事情也已经失去了当初曾经带给我的那种激动,现在回忆起来仿佛它们是发生在别人的身上。然而,一个人的一生总要受到自己的某些起主导作用的思想的支配或某些强烈感受的影响,因而会有一个基本走向和一条前后连贯的主线,这种基本走向和一贯的主线可以说明一个人为什么会如此度过一生,以及这个人为什么会具有这样的性格。在这个自传中,我打算介绍我这一生走过的主要道路和这其中的几个关键点,希望有助于读者了解我如此生活和如此工作的心路历程。

我的祖籍是波兰,原来的全名是玛丽·斯科罗多夫斯卡(Marie Sklodowska)。父母都出身于波兰的拥有少量土地的家庭。在我的祖国,这种拥有小份产业或中等产业的家庭非常多,他们形成了一个阶层,相互之间来往甚密。直到最近,波兰的知识分子仍然大多来自这一阶层。

我的祖父一面务农,一面还管理着一所省立学院。我的父亲特别喜爱学习,在彼得堡大学完成学业以后,回到华沙的一所公立中学担任了物理学和数学老师。他同一位志趣相投的女子结了婚。她非常年轻,从事着当时人们非常崇敬的教育事业,是华沙一所女子学校的校长。

我的父母全都以极高的热情投身于教育事业。他们的学生遍布全国各地,一直还记得他们。即使是在今天,我只要回到波兰,还总能碰到他们教过的学生向我深情地谈起他们。

父母虽然在学校工作，但仍然与住在乡下的亲属保持着密切联系。在假期中，我常常会到这些亲戚家里小住一段时间，尽情享受那段自由自在的时光，并寻找机会熟悉我十分迷恋的乡村生活。那种体验与城里人到乡间临时度假全然不同。我热爱乡村和大自然，大概就是那时培养起来的。

我于1867年11月7日出生在华沙，是我父母五个孩子中最小的一个。我的大姐在14岁时不幸夭折，家里只剩下三个女孩和一个男孩。母亲受到失去女儿的打击，极度悲痛，结果患了重病，不久也带着深深的忧虑离开我们撒手而去，年仅42岁。母亲去世时我才9岁，哥哥还不到13岁。

母亲的去世是我家的一场大灾难，是我一生中第一次遇到的最悲痛的事情，我一下子陷入深深的忧郁之中。母亲具有超凡的品格，非常聪敏，富有爱心，有很强的责任感。她为人宽厚，态度温和，是我们全家的精神支柱。她是一名虔诚的教徒（我父母都信奉天主教），但绝不狭隘，对于其他不同的宗教也有宽容之心，对于那些与她意见不和的人也同样谦和。母亲对我的影响非同寻常，我对她的爱不只是出于小女孩的爱母天性，更包含了对她的由衷崇拜。

母亲的去世使父亲万分悲痛，他将全部身心都投入到工作以及对我们的教育中，很少有闲暇时间。之后的许多年里，我们都会有这个家庭失去了它的主心骨所带来的那种失落感。

我们都是很早就开始了正规学习。我入学时才6岁，是班上最年幼也是个头最小的学生。每当有人来班级参观，我常被叫到讲台前背诵些什么。因为生性胆怯，我感到窘迫，总想逃避，找个地方躲藏起来。父亲很会教育，非常关心我们的功课，而且知道如何辅导我们。但是当时我们接受教育的大环境却非常糟糕，先是进私立学校，后来却不得不转入政府办的公立学校。

华沙当时处于俄国的残酷统治之下，其中最可恨的莫过于对学校和孩子们的压制。凡是波兰人办的私立学校，都会受到警察的严密监视，而且强迫孩子们学习俄语，试图使之从小就说不好自己的母语波兰语。幸好这里的教师差不多全是波兰人，他们总是想方设法尽量减轻这种民族压迫所带来的办学困难。这些私立学校全都无权颁发文凭,只有去上政府办的公立学校才能够得到文凭。

而政府办的公立学校全都是由俄国人当老师,其办学目的就是要摧毁波兰人的民族意志。所有的课程都用俄语讲授。他们仇视波兰民族,视学生为敌人。凡是在品德和学识方面受到尊敬的人都不被允许在这种公立学校任教,他们在这里将被当成另类而受到排斥。学生在这种学校很难学到有价值的东西,至于精神上的压迫更是难以忍受。孩子们总是被怀疑和被监视。他们知道,万一不小心说了一句波兰语,或者说了什么被认为不妥当的话,必然会受到严惩,不仅自己倒霉,还会殃及家人。在这种充满对抗的环境下,孩子们完全没有生活的乐趣,小小的心灵就此种上了不信任和仇恨的种子。另一方面,这样一种教育制度反而在波兰年轻人的心中激起了极其强烈的爱国情感。

这一段少年时期,对我来说,简直就是暗淡无光,既有丧母的悲痛,又有民族压迫的苦难。然而,有一些美好的事情仍然保留在我的记忆之中。虽然我们的生活平淡无味,又忙忙碌碌,但是,每次有机会同亲戚和朋友相聚在一起,我都会感到非常快乐。我父亲爱好文学,熟悉许多波兰文和外文诗歌,自己也能写诗,还擅长把外文诗歌翻译成波兰文。他会把家中的一些事情也写成有趣的短诗,让我们高兴。星期六晚上,父亲常常为我们背诵或朗读波兰散文或诗歌的名篇。这样的晚上我们总是过得十分开心,同时也在潜移默化中唤起了我们的爱国情感。

我自幼喜爱诗歌,用心记住了我国许多伟大诗人的诗句。我最喜欢的诗人是密茨凯维兹(Mickiewecz)、克拉辛斯基(Krasinski)和斯沃瓦茨基(Slowacki)。在我知道了一些外国文学之后,这种兴趣尤甚。我早年学习过法语、德语和俄语,很快就能够阅读用这些语言写成的名著。后来,我意识到必须掌握英语,又学会了英语,也能够阅读英语文学作品。

我的音乐很差。母亲有音乐天赋,嗓音优美。她希望我们也具有音乐素养。但是母亲去世后,失去了她的鼓励,我也就荒废了,后来我常常为此感到后悔。

我学习数学和物理学一点不觉得困难,只要学校开有这两门课程。在这方面，我还能得到父亲的帮助。父亲爱好科学，他自己就在为学生讲授科学课程。他很高兴能够为自己的孩子讲解自然知识和规律。可惜，他没有实验室，无法进行实验。

假期是我最快乐的时候，我可以把乡村亲戚和好友的家当作我的避难所，躲过城里警察的严密监视。在这种老式家庭庄园中，我能够享受到自由自在的生活。可以在树林中奔跑，可以在一望无际的庄稼地里同农民一起耕作。有几次，我们甚至越过我们居住的俄国统治区（波兰议会王国）的边界向南，去到了加里西亚山区。那里属于奥地利统治，政治压迫较之我们这里要宽松一些。在那里，我们可以畅快地讲波兰语，唱爱国歌曲，而不会被投入监狱。

我是在平原地区长大的，初次来到山区，一切都感到新鲜。我马上就爱上了喀尔巴阡山区的村庄（Carpathian Villages）。举目可见巍峨的山峰，走不多远便可以下到山谷或来到高山湖泊的近旁。这些湖泊的名称非常别致，比如有一处叫作"海眼"。住在山区，站在高山上遥望那远处的地平线和鸟瞰近处的低矮丘陵，那种柔和景色总是让我流连忘返。

以后,我又有机会同父亲一起去到更南方的波多利亚(Podolia)度过了一个假期。在敖德萨(Odessa)我第一次见到了大海,接着再去了波罗的(Baltic)海滨。那是一次让我兴奋不已的经历。不过,直至来到法国,我才真正见识了海洋的大浪和涨落不息的潮汐。在我的一生中,每次看到自然界的新奇景观都会使我高兴得像个孩子。

我和哥哥姐姐们就这样度过了我们的学校生活。对于知识型的功课,我们学习起来都很轻松。我的哥哥在结束医学院的学习之后成了华沙一所大医院的主任医生。我的两个姐姐和我原来都曾打算像父母一样去教书。但二姐长大后改变了主意,决定学医。她在巴黎大学获得医学博士学位以后,与一位波兰内科医生德鲁斯基(Dluski)结了婚,在奥属波兰喀尔巴阡山区的一处风光优美的地方创办了一所著名的疗养院。我的三姐在华沙结婚,成为斯查莱夫人(Mrs. Szalay),曾在多所学校当了多年的教师,一直兢兢业业。后来,她受聘于自由波兰(Free Poland)的一所学院。

中学时,我在班上的成绩总是名列前茅,高中毕业时只有 15 岁。由于身体发育引起严重不适和学习积累的疲劳,我不得不在乡下休养了差不多一年时间。此后回到在华沙的父亲身旁,希望能到私立学校去教书。可是,考虑到家庭境况又不得不改变主意。此时父亲已经年老体弱,需要休息,而积蓄又不多。所以我决定先去当几个孩子的家庭女教师。于是,还不到 17 岁,我就离开了父亲开始独立生活。

那次离家的情景,我至今记忆犹新。登上火车时,我的心情特别沉重。我要坐好几个小时的火车,远离我的亲人。下了火车,还要乘五个小时的马车。坐在火车上,望着窗外向后掠过的广阔田野,我一次次地问自己:等待着我的将会是什么呢?

我任教的那家的主人是一位农场主。他的大女儿年龄同我相仿,虽然由我教她功课,与其说是我的学生还不如说是我的伙伴。那家还有两个小一些的孩子,一男一女。我和他们相处得很好,每天课后都要一起出去散步。我喜欢乡村,因而并不感到寂寞。这里的乡村景色虽然谈不上特别好,但不论哪个季节,我都过得很愉快。我对这里的农业开发情况有很大兴趣。据说，这里的开发模式是这一地区的模范。我知道农活是如何安排的，也知道在哪些地块种植哪些农作物。我急切地观察植物的生长，在农场的马厩里还熟悉了马匹。

冬天，广阔的田野被大雪覆盖，也不乏迷人之处。我们常常乘雪橇远行。有时大雪盖住了沟渠，看不清道路，我会对橇夫大喊："当心滑进沟里！"他则回答："要冲到沟里啦，不要怕！"说话间，我们就翻倒了。在雪地里翻滚反而给我们的远游增添了乐趣。

记得有一个冬天，田野里积雪很厚，我们堆起一个如童话故事里的雪屋，然后坐在里面，欣赏外面阳光照射下如玫瑰色一般的雪原。我们也常在河里的冰层上滑冰，因而我们关注着天气，希望冰层不要融化而失去这种乐趣。

当这个家庭教师并没有占去我的全部时间，考虑到村里的孩子们在俄国政府的统治下无法受到教育，我就组织了一个识字班。农场主家的大女儿也帮助我做这件事情。我教那些小男孩和小姑娘读写，采用的是波兰语课本，他们的父母十分感激。但是，即使做这种无辜的事情在当时也有危险,因为政府禁止民间所有的这类自发活动,所以一旦被发现,有可能被抓进监狱或流放到西伯利亚。

晚上的时间我一般用于学习。我听说已经有几位妇女在圣彼得堡或者国外成功地开辟了自己的事业。我决心以她们为榜样,积极地进行准备。

起初,我并不知道今后的路该如何走。我喜欢科学,同时也喜欢文学和社会学。在自学的那些年,我什么都尝试了一下,试着去发现自己的真正爱好,最终还是转向了数学和物理学。于是,我认真地准备起来,决定今后到巴黎去学习。我希望能够攒上足够的钱,今后某个时候能够到那座城市里去生活和学习。

我的自学遇到了不少困难。我在学校接受的科学教育是很不够的,同法国中学的教学大纲相比差距很大。我设法自己补习,胡乱找来一些书籍进行自学。这样的自学效率不高,但也不是毫无效果。尤其是,我养成了独立工作的习惯,学会了后来使我受益匪浅的不少东西。

当我的二姐去巴黎学医时,我又不得不修改我的计划。我们答应互相帮助,但是我们的经济状况不容许两人同时去巴黎。所以,我留在原来那农场主家里继续当了三年半的家庭教师。之后,我回到华沙,那里同样有一份家庭教师的工作等待着我。

在新的工作岗位上我只工作了一年便回到了父亲的身边。那时他已经退休有一段时间了,此前他一直一个人生活。我与父亲一起度过了美好的一年。这期间,他写出了一些文学作品,我也通过私人授课积攒了更多的钱,并坚持自学。在俄国政府统治下的华沙,所有这一切都很不容易,但是与乡下相比,机会还是要多一些。最令我高兴的是,在这期间我生平第一次有了去实验室进行实验的机会。那是我的一个表兄管理的、一间很小的、属于市政府的实验室。我白天抽不出时间,只好晚上和星期天到那里去,这样,实验室里常常只有我一个人。我按照物理学和化学课本上所说的步骤做了不少的实验,常常会得到意想不到的结果。取得一点小小的未曾料到的成功,我会感到欢欣鼓舞;由于没有经验而导致失败,我又会十分沮丧。总之,我懂得了成功之路绝不是一帆风顺的。初次的尝试,加深了我进行物理和化学实验研究的兴趣。

在华沙，我还参加了一个由青年组成的团体，这对我的影响很大。这些青年组织起来进行学习，同时也开展一些社会活动和爱国活动。我参加的这个团体只是当时许多波兰青年团体中的一个。这些波兰青年把祖国的未来寄希望于提高自己民族的智力和精神力量，并相信这样做一定可以使自己的民族有一个较好的未来。他们认为，当前最紧迫的任务是要努力学习，提高自己的素质，同时还为工人和农民提供接受教育的机会。按照这样的宗旨，我们举办了夜间学习班，每个人都在那里讲授自己最熟悉的东西。不用说，这是一种秘密组织，做每一件事情都十分艰难。在我们的团体里有许多具有献身精神的年轻人，我至今仍然相信，他们是一些能够对社会做出真正贡献的人。

对于当时我们这些年轻人在学习活动和社会活动中建立起来的那种无私的情谊，直到今天我回忆起来仍觉得十分美好。诚然，我们的活动比较简单，效果也未必很好，但是我现在仍然相信，当时鼓舞着我们的那些理念是推进社会实实在在进步的唯一途径。不完善每一个人,你就别指望能够建立起一个更好的世界。为了达到这个目的,我们每一个人都必须完善自我,共同承担起全人类的责任。每一个人都有义务尽最大努力去帮助那些可以帮助的人。

这一时期的全部经历都促使我更加渴望进一步学习。我的父亲财力有限,出于对我的爱,他仍然下决心要帮助我加快实现梦想。这时,我的二姐已经在巴黎结婚,我决定到那里去和她住在一起。我父亲和我都希望在我完成学业之后再回到他身边一起愉快地生活,可是命运却做出了另外的安排,我的婚姻将我留在了法国。父亲年轻时一直希望从事科学研究,我在法国从事科学研究所取得的成功总算给远在故乡的父亲一些补偿。父亲的慈爱和公正无私给我留下的是无比亲切的记忆。父亲后来住在我已婚的哥哥家里,帮助他们培养孩子,是一位慈祥的祖父。1902 年他刚过 70 岁就去世了,让我们十分悲痛。

在父亲的支持下,1891 年 11 月,24 岁时,我实现了心中多年的梦想。

我终于来到了巴黎,二姐和二姐夫非常高兴,但是我只在他们那里住了几个月。他们住在巴黎城外，因为姐夫要在那里行医，而我则需要靠近学校住宿。我最后就像其他的波兰留学生一样，住在一间简陋的小房间里，其中只安放了几件捡来的家具。四年的学生生活，我就是这样度过的。

这些年我过得十分愉快，不可能在这里一一讲述。没有其他事情分心，我完全沉浸在学习和获取知识的快乐之中。当然，生活是艰苦的，我自己的钱很少，家里人想帮助我却力不从心。其实，我的这种生活状况也并不特殊，我认识的许多波兰学生都是如此。我住的是阁楼上的房间，冬天房间里很冷，只有一个小火炉取暖，还常常由于煤不够而不敢烧旺。记得有一个冬天特别寒冷，脸盆里的水经过一个夜晚经常冻结成冰。为了能够睡觉，我只好把所有的衣服都压在被子上。我用一盏酒精灯和几件用具就在这个房间里做饭。饭食非常简单，常常就是几片面包和一杯巧克力，偶尔加点鸡蛋或水果。生活上的事全靠自己，我烧的那点煤，也是自己搬上六楼。

这种生活在某些方面的确比较艰苦，然而我却乐在其中。独自生活我可以十分随意，有了一切自己做主的宝贵体验。我隐没在巴黎这座大城市中，独自一人，没有别人帮助，自己照料自己，但一点也不消沉。偶尔也会感到寂寞，但绝大多数时候心情宁静，精力充沛。

我将全部身心都放在了学习上，尤其在开始一段时间，学习比较艰难。事实上，要跟上索邦大学（巴黎大学的前身）的物理学课程，我以前的基础是不够的。在波兰的时候，尽管我认真自学了这门功课，但所学到的东西还是不如法国学生。我必须迎头赶上，特别是数学。我白天上课、在实验室做实验或到图书馆读书。晚上则在自己的房间里用功，有时会熬到深夜。接触到和学到新知识是我最大的快乐。一个新的世界——科学世界——展现在我的面前，而我终于可以不受束缚地去认识这个世界。

同学之间的友谊令我十分怀念。起初，我不敢多说话，有些拘谨，但是我不久就注意到，我的那些同学们几乎全都非常用功，而且待人友善。我们常常一起交流学习心得，加深对我们所讨论的问题的理解。

在这些波兰学生中，只有我是学这个专业的。虽然波兰留学生人数不多,但有一些私下的活动。我们会时不时地聚集在某个人的极其简陋的房间里谈论祖国的各种问题,排遣侨居国外的那种孤立无助的感觉。我们会一起散步,一同去参加公众集会,我们全都关心着政治。不过,我只是在头一年比较积极,以后就不得不放弃参加这些活动。因为,我觉得我还是应该把全部精力集中在学习上,尽早完成学业。假期的大部分时间,我也用在了数学上。

我的努力没有白费。我补上了以前的知识缺陷,和法国学生一同通过了考试。在 1893 年的物理学分级考试中得了个"甲等",在 1894 年的数学分级考试中得了个"乙等"。我对自己比较满意。

我的二姐夫后来谈起我在那些年的艰苦学习,将之戏称为"我姨妹一生中的英勇奋斗时期"。我自己也认为我独立奋斗的那几年是最值得怀念的一段日子,心无旁骛,一心一意学习,最终达到了我期待已久的目的。

1894 年我第一次见到皮埃尔·居里。我的一位波兰同胞是弗里堡大学(University of Fribourg)的教授,他邀请我到他家里去玩,同时还邀请了巴黎的一位他认识并十分敬重的年轻物理学家。进入房间,第一眼看见的就是在朝向阳台的那扇法式大窗的明亮背景下站着的一位高个子的年轻人,一头红褐色的头发,眼睛又大又亮。他表情沉着,举止高雅,神态潇洒,就像总是在沉思什么。他对我热情诚恳,似乎有好感。第一次见面后,他表示愿意再和我相见,继续那天晚上关于科学和社会问题的谈话,在那些问题上我们的看法似乎相同。

没过多久,他到我租住的陋室来看我,我们成了好朋友。他向我介绍了他的日常生活,每天忙于工作,希望终身从事科学研究。不久,他希望我和他一起过那种生活,但是我不敢马上决定,我害怕那样做会抛弃我的祖国和家庭。

假期里我回到波兰,当时我并不知道是否还能返回巴黎。但是那年秋天机会来了,我又回到了巴黎工作。我进了索邦大学的一个物理实验室,开始从事实验研究,准备我的博士论文。

我又见到了皮埃尔·居里。工作使我们越来越亲密,以致我们俩都深信除了对方谁也不会找到更好的生活伴侣了。于是我们决定结婚,并在不久后的1895年7

月举行了婚礼。

当时,皮埃尔·居里刚获得博士学位,并被巴黎理化学校聘为教授。那年他 36 岁,已经是一位知名的物理学家。他完全被科学研究迷住了,淡泊名利,经济状况非常一般。他住在巴黎郊区的索城(Sceaux),和年迈的父母住在一起。他非常孝敬父母,在第一次向我谈到他们时,说他们是"举止高雅的人"。事实上也的确如此。他的父亲是一位老资格的医生,学识渊博,性格坚强;母亲是一位贤淑的女性,把全部身心都放在了丈夫和孩子身上。皮埃尔·居里的哥哥那时是蒙彼利埃大学的教授,也是他最好的朋友。我有幸加入这个和睦且令人尊敬的家庭,得到了温暖和亲情。

我们的婚礼最简单不过了。结婚的日子,我穿着寻常的衣服,只有少量的朋友参加了婚礼。我的父亲和三姐也从波兰赶来,我非常高兴。

我们只希望有一个安静的地方居住和工作。值得高兴的是,我们找到了一套有三个房间的小公寓,屋外还有一个美丽的花园。父母为我们添置了一些家具。我们还用一位亲戚送的一笔礼金购买了两辆自行车,经常一起去乡间郊游。

第二章　婚后生活，发现镭

　　婚后我开始了一种新的生活，与我前些年独自一人完全不同。爱情和共同工作使我和丈夫密不可分，差不多所有的时间我们都在一起度过。我只从他那里收到过不多几封信，因为我们极少分开。除了教学，剩下的时间他全都扑在学校实验室的研究工作上。他是学校的教授，而我也获准同他一起工作。

　　我们的住处在学校附近，这节省了上下班的往返时间。由于收入有限，我不得不自己操持大部分家务，尤其是做饭。要把家务和科学研究两头都兼顾好并不容易，由于心情很好，我都没有耽误。重要的是，我们两人组成一个小家单独过日子，恬静，亲密，非常愉快。

　　我在实验室工作的同时还在学习几门课程。我希望通过一个证书考试，获得可以为年轻女学生讲课的资格。有了这个证书，我才有可能被聘为教授。经过几个月的努力，在 1896 年 8 月，我以第一名通过了考试。

在实验室紧张的工作之余,我们的主要消遣是散步,或者骑自行车到乡下去游玩。我的丈夫特别喜爱户外活动,他对森林和牧场里的植物和动物充满了兴趣。他熟悉巴黎附近的每一个角落,我也喜欢乡村的景色。每次这样的郊游,他高兴,我也非常愉快,我俩能够暂时忘掉紧张的工作而得到放松。我们还会带几束鲜花回家。有时乐而忘返,会玩到夜里很晚才归。我们还会定期去看望丈夫的父母,那里为我们准备有房间。

有了自行车,假期里我们还会骑车到更远的地方去旅游。骑着自行车,我们去过奥沃涅(Auvergne)山区和塞文(Cevennes)山区的很多地方,也去过海滨的不少地方。我们非常喜欢这种白天骑车,晚上总会到达一个新地方的长途旅行。如果在一个地方待得太久,我的丈夫就会老想着实验室里的工作。有一个假期,我们到喀尔巴阡山区看望了我的家人。那次波兰之行,我的丈夫还学会了一些波兰语。

当然,我们生活的主要内容还是科学工作。我的丈夫备课非常认真,我会给他当助手,这对我的学习也有益处。不过,我们的大部分时间还是在实验室里进行研究。

我丈夫那时还没有自己的实验室，他只可以在一定程度上使用学校的实验室进行自己的研究。后来，他在巴黎理化学校找到一个闲置不用的房间自己建立了一个简陋的实验室，这才有了更多的自由。从这件事我认识到，一个人即使在非常简陋的条件下也可以工作得非常愉快。那个时期，我丈夫在研究晶体，而我则研究钢的磁性。那项工作在1897年完成并发表了论文。

就在那一年，我们的第一个女儿出生了，这使我们的生活发生了重大变化。几个星期后，我丈夫的母亲去世，我们把他的父亲接来一起生活。这时，我们在巴黎近郊租了一所带花园的小房子，丈夫活着的时候，我们就一直住在那里。

如何既要照料我们的小伊伦娜和我们的家，又不放弃我的科学研究工作，这成为一个大问题。放弃科学研究对于我来说是极其痛苦的事情，我的丈夫也不敢想象。他常说，他得到了一位志同道合的妻子一起从事自己所忠于的事业。我们谁都不愿放弃我们两人如此珍惜的这种在事业上的合作。

显然，我们不得不请一位仆人，但是我仍然必须亲自关照孩子的所有细节。当我在实验室的时候，女儿由她祖父照看，他很爱她，也非常细心。他自己的生活也因为孙女而变得更加快乐。家庭和睦，我得以安心工作。只有在出现异常情况时我才会感到特别困难。比如孩子生病，夜里无法睡眠，那就会打乱正常的生活节奏。

不难理解，我们的生活中没有世俗的人情往来，只同不多的朋友和像我们一样的科学工作者来往。当我们与他们在家里或花园里交谈时，我手里还不停地给小女儿做着针线活。我们也与我丈夫的哥哥及其家庭保持着亲密接触。但是，我与我所有的亲戚都分开了，我姐姐带着丈夫离开巴黎回到波兰生活了。

就这样，我们按照自己的意愿平静地生活着，并在这期间完成了我们生涯中的主要工作。从 1897 年末开始，这样工作了许多年。

我那时就选定了我的博士学位论文的课题。我非常关注贝克勒尔关于稀有金属铀盐的有趣实验。贝克勒尔证明，把铀盐放在用黑纸包着的照相底板上，照相底板会感光,就像受到了光线照射。这种感光效应是铀盐发出的特殊射线产生的。这种射线不同于普通光线,它们能够穿透黑纸。贝克勒尔还证明,铀发出的这种射线能够使验电器放电。他起初以为铀射线是铀盐曾经暴露在光线下的结果,但是实验表明,即使在黑暗中保存了几个月的铀盐也仍然在发出这种特殊的射线。

这种新现象令我丈夫和我兴奋不已,我决定对它进行认真的研究。我首先想到,应该对这种现象进行精确测量。我决定利用这种射线能够使验电器放电的特性来进行测量。我没有使用普通的验电器,而是使用了一些更加精密的仪器。我进行首批测量时所使用的那些仪器,今天在费城医学院(Colleage of Physicians and Surgeons in Philadelphia)就有一件仿制品。

没过多久我就得到了有意义的结果。我的测量表明,发出这种射线是铀的一种原子属性,而不论铀盐是处在什么样的物理或化学条件下。任何一种含铀物质,含有的这种元素越多,它发出的射线就越强。

接着,我想查明是否还有其他物质也具有铀的这种不寻常的特性。不久就发现含有钍的物质也具有类似的特性,而且那同样也是钍的一种原子属性。当我正打算对铀和钍进行更加深入的研究时,我发现了一件有意义的新奇事实。

我把许多矿石逐一拿来测试,结果发现有一些矿石具有放射性。这些矿石中要么含有铀,要么含有钍。当然,如果这些矿石的放射性与其中所含的铀或钍的数量成正比,那也就不足为奇了。然而事实并非如此。这些矿石中,有几种显示的放射性竟然是铀的3~4倍。我仔细地查证这种令人吃惊的现象,结果证明确实如此。对此,只有一种解释,那就是,这些矿石中大概含有一种具有很强放射性的未知元素。我的丈夫也同意我的看法。于是,我急切地想找到这种设想中的元素。我和丈夫一同努力,很快就得到了结果。开始时我俩谁也不曾想到我们从此便踏上了一条通往新科学的道路,而且以后的一生都会沿着这条道路一直走下去。

当然,在开始提取新元素时,我并没有指望这种新元素的数量会比较多,因为我对这些矿石的成分已经做过比较精确的分析。我做了保守的估计,认为未知物质在这些矿石中的含量至少应该达到百分之一。但是随着提炼工作的进行,我们越来越清楚地意识到,这种新的放射性元素只可能有极其微小的比例,也就是说,它的放射性一定非常强。我们的研究条件非常差,如果一开始就知道我们要找的那种物质的真正含量是如此小,真不敢说我们是否还会不顾一切地坚持下来。现在我只能说,我们的工作在不断取得进展,而困难也在不断增加,我们凭着一种信念始终没有放弃。事实是,经过几年最艰苦的劳作,我们终于成功地完全分离出了这种新物质,它就是现在大家都知道的镭。下面我来简略地介绍我们的研究和发现过程。

由于在开始研究的时候我们完全不知道这种未知物质具有怎样的化学性质,只知道它在发出射线,因此我们只能根据它发出的射线来寻找它。我们首先分析来自圣约阿希姆斯塔尔的沥青铀矿。我使用的是通常的化学分离方法,但是每得到一种产物,都利用我们那相当精密的电学装置来检测它的放射性,这样就建立起一套新的化学分析方法。继我们的工作之后,这种方法得到推广,结果又发现了大量放射性元素。

几个星期后我们便能够确信先前的猜测是正确的,

因为得到的提取物的放射性正在有规律地逐渐增强。几个月后，我们就从沥青铀矿中分离得到了一种与铋混合在一起的物质，它比铀的放射性强得多，而且有相当确定的化学性质。1898 年 7 月，我们宣布了这种新物质的存在。我给它取名为"钋"，以纪念我的祖国波兰。

在发现钋的研究工作中，我们又发现从沥青铀矿分离得到的钡中也混合着另一种新的元素。再经过几个月更紧张的工作，我们终于也分离得到了这第二种新物质。后来的研究表明，这是比钋还要重要得多的一种物质。1898 年 12 月，我们宣布了这种新的、现在十分著名的元素的存在。我们给它取名为"镭"。

然而，关于这两种新元素还有大量的工作要做。我们发现了这两种不同寻常的新元素的存在，但是，那主要是通过它们的辐射特性发现的。这两种物质以微量同铋和钡混合在一起，我们只是根据它们的强放射性才知道它们不是铋和钡，还必须把它们以纯元素的形式分离出来。紧接着，我们就着手这项工作。

要分离出这两种新元素的纯元素形式，我们的设备就显得太简陋了。这需要对大量矿石进行细致的化学处理。我们没有钱，也没有合适的实验室。要做的事情很多，又很艰难，却得不到其他人的帮助。一切简直就是白手起家。如果说我早先求学的那些年是我姐夫所形容的我一生中的英勇奋斗时期的话，那么，可以毫不夸张地说，我和丈夫现在所处的时期则是我们共同生活中真正的英勇奋斗时期。

我们通过实验获知，在圣约阿希姆斯塔尔铀矿处理过的废矿渣中肯定遗留有镭。得到拥有该矿的奥地利政府的允许，我们免费拿到了一些铀矿渣。在当时，这种废矿渣是根本不值钱的，我就用之来提取镭。用袋子装着的混杂有松树针叶的褐色灰土样子的废矿渣运来之后，我立即进行了检测。当我发现这些矿渣的放射性甚至比原始矿石还要强时，我高兴极了！真是运气，幸好这些废矿渣没有被扔掉或者以某种方式处理掉，它们就堆在铀矿附近的松树林中形成一座小山。过了一段时间，在维也纳科学院的建议下，奥地利政府再让我们以很低的价格购得了几吨同样的废矿渣。我一直就用这些原料来制取实验室所需要的镭，直到我收到美国妇女赠送给我的极其珍贵的1克镭为止。

理化学校无法给我们提供一处合适的处理矿渣的地方,事实上,学校也没有更好的地点。校长允许我们使用一间遗弃的棚屋,它以前曾被用作医学院的解剖室。棚屋的玻璃屋顶还漏雨。夏天闷热难当;冬天则好似冰窖,取暖的铁炉不过聊胜于无,只有在它的近旁才稍微有点暖和气。当然,我们还需要化学家所使用的那些提炼设备。我们只有几张旧的松木桌子、几座熔炉和几盏煤气灯。许多化学操作还不得不在棚屋前的院子里进行,因为操作过程中会产生大量有刺激性的气体。尽管这样,棚屋里经常还是充满了这些刺激性的气体。我们就是在这样的条件下进行常常被搞得精疲力竭的工作。

然而,就是在这间寒碜的旧棚屋中,我们度过了一生中最美好和最愉快的岁月,我们在这里整天工作不停。我常常会在棚屋里做午餐,为的是不要中断某些特别重要的操作。有时,我必须拿着一根几乎和我身高一样长的沉重铁棒整天不停地搅动沸腾的溶液。一天下来,累得整个身体简直就要散架。在另一些时候,我又必须对数量极少的一点物质进行非常精细的分级结晶工作,为的是将铀浓缩。在这种时候,我最苦恼的是没有办法保护好那些好不容易才得到的制品,使它们不受空气中漂浮着的铁屑和煤尘的污染。尽管工作十分辛苦,但是这段日子给我带来的快乐却是无法用言语表达的。在这里进行的研究不会受到外来的打扰,一切都可以从容不迫地按照计划进行。工作在一点一点地取得实际进展,而且还有希望得到更好的结果,这会让我激动不已。有时候,在辛辛苦苦干了一阵之后却事与愿违,我也会气馁。好在这种情绪不会持续多久,我总能重新振作起来。休息时,我和丈夫喜欢在棚屋的周围散步,一边走,一边静心地讨论我们的工作。

夜里进入我们的工作室也是一种乐趣。我们的周围到处都是发出柔和亮光的瓶子和器皿,那里面装着我们的产品。那种神奇美丽的景象,我每次看到都会感到新奇。那些隐约发光的试管看起来就像装饰在圣诞树上的彩灯。

我们这样工作了几个月,即使在短暂的假期也几乎没有中断。工作的初步结果提供了越来越明确的、存在着新的放射性物质的证据。我们的信念更加坚定,我们的工作也为更多的人所知晓。同时,我们也找到了获得更多原料的途径,还能够把一部分对原料进行前期粗加工的工作转移到一家工厂去做,这样我就有了更多的时间从事后期的精细处理工作。

在这个阶段,我集中精力进行镭的提纯工作,我的丈夫则埋头研究这种新物质发出的射线的物理性质。在处理完 1 吨沥青铀矿废渣之后,我们才得到了明确的结果。原来,即使在含量最多的这种矿物中,1 吨原料里最多也只含有几分克的镭。

最后的时刻终于到来,我分离得到的物质显示出了纯化学物质所具有的全部特性。这种物质——镭——有它特有的特征光谱,我还测定了它的比钡还要高得多的原子量。这些结果是在 1902 年取得的。我那时手头只有 1 分克非常纯的氯化镭。我们差不多花了四年时间才取得了在化学方面所要求的那些科学证据,证明了镭确实是一种新元素。如果我有足够的研究条件,做这同样的事情也许只需要一年。我们为此付出了巨大的艰辛,成果是奠定了一门新的放射性学科的基础。

在接下来的几年,我又提纯得到了几分克的纯镭盐，这使我能够更加精确地测定镭的原子量，甚至还分离得到了纯金属的镭。然而，证实镭的存在和确定它具有的性质，却是在关键的 1902 年。

那几年，是我和我的丈夫生活在一起，能够全神贯注地从事研究工作的日子，不过情况也有一些变化。1900 年，日内瓦大学邀请我丈夫去那里担任教授，而差不多与此同时，巴黎大学也聘请他担任助理教授。我自己则应聘在塞夫勒女子高等师范学校（Normal Superior School for young girls at Sèvres）为那些女孩子讲课。这样，我们就仍然留在了巴黎。

我对女子高等师范学校的教学工作很有兴趣，尽了最大努力去培养学生们的实验室实际工作能力。学生都是 20 岁左右的女孩子，她们是通过了严格的考试才得以进入这所学校，但是她们还需要经过严格的训练，才能够达到今后成为国立中学的一名合格教师所要求的那些条件。这些年轻的女孩子学习热情都很高，对于我来说，教她们学习物理学实在是一种快乐。

自从我们宣布发现了镭之后，我们的名声倒是大了起来，但是我们的实验室工作却受到了干扰，生活也乱了套。1903年，我完成了博士论文，并取得了学位。同年末，由于发现了放射性和新的放射性元素，诺贝尔奖委员会决定授予贝克勒尔、我丈夫和我物理学奖。这件事使我们的工作广为人知，在一段时间里我们的生活得不到片刻安宁。每天都有来访者，邀请我们做报告或向我们约稿。

获得诺贝尔奖是极高的荣誉，而且，这个奖项的奖金能够为我们提供的物质条件要比普通的科学奖高得多。这当然非常有助于我们继续从事研究工作。然而非常不幸，我们由于过度劳累，不是我生病就是我丈夫生病，所以迟至1905年我们才前去斯德哥尔摩。在那里，我的丈夫作了诺贝尔奖获奖演说。我们受到了热情接待。

以前，由于工作条件太差，不得不长期超负荷劳作，我们都十分疲劳。接着，公众的不断侵扰，使我们更加疲惫不堪。我们原来主动与世隔绝的生活被破坏，无干的琐事使我们不胜其烦，简直就是受罪。我们的生活习惯受到了严重干扰。我已经说过，为了维持我们的家庭和科学研究，我们必须心无旁骛，排除一切外界干扰。

当然，为我们造成麻烦的那些人一般都是出于好意，但是他们不明白我们真正需要的是什么。

1904年，我们的第二个女儿艾芙·丹尼丝降生，自然，我不得不暂时中断我的实验室工作。同一年，我们由于获得诺贝尔奖受到公众的普遍赞誉，巴黎大学新设立了一个物理学教席，给了我的丈夫。而且，我也被聘为打算为他建立的一个实验室的负责人。不过，这个实验室后来并没有建立，只不过腾出了几个房间供我们使用。

1906年，正当我们就要搬离我和我的丈夫在那里度过了几年美好时光的破旧的棚屋实验室的时候，一场可怕的灾祸降临了。那场灾祸夺走了我的丈夫，抛下我一人独自抚养我们的孩子，也必须由我一人独自来继续我们的研究工作。

我实在无法表达失去丈夫——我最亲密的伙伴和最好的朋友——给我的打击和对我的生活产生的重大影响。我被打垮了，感到无法正视未来。但是我没有忘记我的丈夫常对我说的一句话：即使他不在了，我也必须继续我的工作。

公众才刚刚知道与我丈夫的名字联系在一起的那些重大发现,他就去世了。公众,尤其是科学界,深感这是国家的不幸。应该说主要是出于这样一种情感,巴黎大学理学院决定授予我教授教席,我的丈夫在巴黎大学担任这种教席才一年半。那个决定是一个特例,因为在那以前还从没有一位女性得到过这种职位。巴黎大学做出这个决定既是对我的尊重,也给了我继续进行研究的机会,否则我就不得不放弃研究工作。我并没有期望得到这类报偿,除了能够按我自己的意愿进行科学研究,我没有别的要求。我在丈夫去世的悲伤心境下得到这样的荣誉,内心倍感沉重。我甚至怀疑我是否能够担负如此重大的责任。经过一段时间的犹豫,我认为我无论如何都应该尽力去完成自己的任务。于是在1906年,我作为助理教授在巴黎大学开始了我的教学工作,两年后,我被授予教授头衔。

对于我来说,这是一种全新的处境,生活的压力明显加大了。我现在得一人挑起从前由丈夫和我共同承担的责任。照看两个年幼的孩子需要特别细心,幸好我丈夫的父亲继续和我们住在一起,他十分乐意帮助我照料孩子。他喜欢和自己的孙女在一起。儿子去世之后，有孙女陪伴成为他的主要慰藉。在祖父和我的悉心照料下，孩子们继续有一个欢乐的家。我的公公和我把悲痛隐藏在心里，孩子们太小，她们还不懂得这些。我的公公非常想居住在乡村，于是我们在巴黎郊区的索城买了一所带花园的房子，我从那里半小时就可以到城里。

住在乡村真是太好了，不仅我的公公喜欢这种新环境，尤其是那个花园，我的两个女儿也可以在空旷的乡村玩耍嬉戏。不过，她们同我在一起的时间太少，我得给她们请一位女家庭教师。当我女儿的家庭教师的，先是我的一个表妹，后来是一位非常负责的妇女，她此前曾带过我一个姐姐的女儿。两个家庭教师都是波兰人，因此我的两个女儿都学会了我的母语。在我悲痛的日子，时不时会有我在波兰的某个亲属来看望我，我也会安排在假期到法国的海滨与他们相聚，有一次是安排在波兰的山区。

1910 年，我亲爱的公公不幸病逝，这让我悲痛了好些日子。他去世前曾受过较长时间疾病的折磨，我总是挤出时间尽可能多地陪伴他，认真听他回忆他过去的那些岁月。公公的去世对我的大女儿影响很大,她当时 12 岁,已经懂得有祖父陪伴的欢乐日子是如何的宝贵。

在索城,没有适合我两个女儿就读的学校。小的那个年龄还小,主要是关照她的健康,多做户外活动,进行一点启蒙教育。她已经显示出活泼聪敏的性格,具有不平常的音乐天分。她姐姐在智力方面像她父亲,反应不快,但已经能看出具有较强的推理能力,而且喜欢科学。她曾在巴黎的一所私立学校就读过,但是我不想让她继续读公立中学。我总觉得这些学校坐在课堂上听课的时间太长,不利于孩子的健康。

我的看法是,在孩子的教育中,应该重视他们的成长和身体发育的需要,还应该留出一些时间培养他们的艺术修养。大多数学校——现在也是如此,各种读写训练占去的时间太多,留有太多的家庭作业。我还认为这些学校的科学课程普遍缺乏实际练习。

几位大学里的朋友与我观点一致,我们自己组织起来共同教育孩子,每个人负责一门课程,给所有的孩子上课。我们每一个人都要忙于其他的事情,孩子们的年龄也不相同,但是大家都感到进行这样一种教育小试验很有意思。我们上课的课时不多，但是我们把提高文化素质所要求的文理两方面的知识很好地重新结合在一起。科学方面的课程都有实践练习，孩子们兴趣很大。

我们自己组织的这种教育进行了两年，证明对于大多数孩子是非常有效的，我的大女儿就受益匪浅。经过这种预备教育，她考进了巴黎一所学院的高级班，而且还不到正常年龄就毫无困难地通过了学士考试，此后再考入巴黎大学继续学习。

我的小女儿在她早期的学习中没有得到过我们自办的这种教育的好处，起初只能勉强跟上学院的课程，后来才没有困难。她证明自己是一个好学生，在各方面的表现都能令我满意。

我要求两个孩子必须进行合理的体育锻炼。除了户外散步，我还向她们强调了做体操和参加其他体育运动的重要性。在法国，在这方面对于女子的教育至今仍然是被忽视的。我要求她们定时做体操，我让她们假期去爬山或到海滨去游泳。两个孩子的划船和游泳技术都不错，也不怕长途步行或骑自行车。

当然，关心我孩子的教育只是我责任的一部分，工作占去了我绝大部分的时间。常有人问我,特别是一些妇女,我是怎样安排好家庭生活和我所从事的科学事业的。我承认,这的确不容易。为此需要下很大的决心和不怕自我牺牲。我和现在已经长大的两个女儿感情深厚,彼此关心,互相谅解,生活十分愉快。在我们家中听不到一句重话,更不会有自私的行为。

1906 年,在我接过我丈夫在巴黎大学的教席时,我只有一间临时的实验室,地方很小,设备也非常少。有几位科学家和学生此前就在那里同我丈夫和我一起工作,在他们的帮助下,我得以将研究继续下去。

1907 年,我得到了安德鲁·卡内基(Andrew Carnegie)先生的极其宝贵的赞助,他按年资助我的实验室一笔奖学金,使得一些极有才华的学生和科学家能够把他们的全部时间都用于研究。对于那些具有科学志向而又具有才能的人,这样的基金是雪中送炭,能够使他们全身心地投入研究工作。为了发展科学,我希望有更多的这一类基金。

至于我自己,我还得再用大量时间来制取几分克非常纯净的氯化镭。正是利用这些氯化镭,我才得以在

1907 年重新测定了镭的原子量,并在 1910 年分离得到了金属镭。分离金属镭是一项极其精细的工作,这是在我们实验室里的一位非常出色的化学家的帮助下完成的。那以后我就再也没有进行过这种分离工作,因为在这种分离操作中稍有闪失就有可能将镭丢失。我终于亲眼看见了这种神秘的白色金属。可是我不能让它保持在这种状态,因为我要用它来做进一步的实验。

至于钋,我还没有分离出金属钋。钋在矿物中的含量甚至比镭还要少得多。不过,我的实验室已经得到了浓度很高的钋的化合物,我利用这种物质进行了不少重要的实验,特别是关于钋的辐射生成氦的实验。

我特别重视改进实验室的测量方法。如我所讲过的,镭的发现就多亏了能够进行精确的测量。我相信,有了高效率的定量测量方法就还有可能做出新的发现。

我设计了一套相当不错的间接测量镭的数量的方法,即测量镭所产生的一种叫作"镭射气"的放射性气体。这是我的实验室里常用到的一种方法,它能够测出极微量的镭(小于 1 毫克的一千分之一),其精度也能够满足要求。对于数量较大的镭,则多是利用它们发出的具有穿透性的射线即 γ 射线进行测量。我的实验室也配置有适合于进行这种测量的专用设备。利用镭发出的射线来间接测量镭的数量，比在天平上直接称重容易些，也更加准确。不过，这两种测量方法都要求有可靠的计量标准。所以，我必须认真考虑镭的计量标准问题。

可靠地测定镭的数量，不用说，这对于实验室工作和科学研究都是必不可少的。不仅如此，由于这种物质正越来越多地应用于医疗，只有准确地测出镭的含量才有可能有效地控制医疗上所使用的镭的相对纯度。

在法国，当我丈夫还在世的时候，曾经有人使用我们实验室制备的样品进行过首次利用镭的生理效应治疗疾病的实验，取得了令人鼓舞的效果。于是，立即就出现了一个新的医学分支——镭疗法（在法国叫作居里疗法）。这种治疗方法很快便在法国，接着再在其他国家得到广泛应用。为了提供镭疗法所需要的镭，不久又有了生产镭的工业。第一家生产镭的工厂建立在法国，运转正常。此后在其他国家也陆续出现了不少生产镭的工厂。目前最大的制镭工厂在美国，那里有大量的钒钾铀矿(卡诺石)可以用作原料。镭疗法和镭生产相辅相成共同发展,在治疗好几种疾病特别是癌症上所发挥的作用显得越来越重要。为了更好地应用这种新疗法,在许多大城市还成立有专门的研究机构。这些机构中,有的拥有多达几克的镭。每克镭的商品价格现在大约是70000美元。之所以如此昂贵,是因为矿石中含有的镭极少。

能有幸目睹我丈夫和我的发现最终成为带给人类的福祉,我感到极大的欣慰。发现镭不只是具有重大的科学价值,还在于它能够在解除人类的某些痛苦和治疗某些可怕疾病方面起到实实在在的作用。这一切才是对我们多年辛劳的最好回报。

要想有效地应用镭疗法,自然就必须精确地知道所使用的镭的数量。因此,如何对镭进行计量,不仅对于物理化学研究非常重要,对于镭工业和医学也是必须解决的一个问题。

考虑到这种种需要,来自不同国家的科学家成立了一个委员会,一致同意以得到仔细称重的确定数量的纯镭盐作为镭计量的一个国际标准。我受委托制备这个作为基准的原始计量标准。每个国家通过与这个原始标准进行辐射量比较,再制备它们各自的二级计量标准。

这项工作非常精细,因为作为计量标准的样品的重量极小(大约 21 毫克氯化物),很不容易做精确测定。我在 1911 年完成了这项制备标准样品的工作。这个标准样品是装在一支几厘米长的细玻璃管内的纯净镭盐,我曾用它来测定镭的原子量。委员会批准了这个标准,标准样品现在保存在位于巴黎附近的塞夫勒国际度量衡局(International Bureau of Weights and Measures at Sèvres)里。委员会还批准了几个与这个原始标准进行比较而制定的二级标准投入使用。在法国,是由我的实验室通过测量辐射的方法来检测装在玻璃管内的镭的含量,任何人都可以把他的镭带到这里来检测。在美国,是由那里的标准局进行这种检测的。

1910 年接近年末的时候,我被提名由政府授予法国荣誉军团勋章。早先,我的丈夫也曾被提名,但是他拒绝一切荣誉称号,没有接受那枚勋章。我在所有事情上的观点都同我的丈夫一致,自然也不会接受这种授勋,尽管政府一再坚持。那个时候,有几位同事劝我竞选巴黎科学院院士,我的丈夫在他生命的最后几个月就是巴黎科学院院士。我很犹豫,因为按照惯例,竞选人不得不对现任院士进行大量拜访。不过我最后还是同意了,因为当上科学院院士会给我的实验室带来好处。我的参选引起了公众极大的兴趣,特别是,这涉及妇女能否进入科学院的问题。许多院士根本就反对妇女当院士。投票结果,我获得的票数比当选票要少几张。那以后,我就再也不愿去竞选什么了,我厌恶拉私人关系。我认为,所有这一类选举都应该是一种水到渠成的决定,不应该掺杂任何私人关系。事实上,好些科学协会和学术团体都是在我没有提出请求和采取什么个人行动的情况下就吸收我成为它们的成员。

所有这些让我不得不分心的烦人事情使我在1911年年底生了重病。也是在这个时候,我第二次——这次是我单独一人——获得了诺贝尔奖。这是给我的极不寻常的殊荣,高度评价了我发现两种新元素和分离出纯镭的工作。虽然正在生病,我还是去斯德哥尔摩领奖了。对于我来说,这次行程非常艰难,幸好有我二姐和女儿伊伦娜陪伴。诺贝尔奖的颁奖仪式给我印象至深,犹如举行国家庆典,庄严而隆重。我在那里受到了热情接待,特别是瑞典的妇女。这给了我极大的安慰和鼓励。由于在病中过度劳累,回来后我又在床上躺了几个月。患了重病,同时也是为了两个孩子的教育,我把家从索城搬到了巴黎城里。

1912 年,我有机会参加了华沙的镭实验室的创建工作。那是由华沙科学学会建立的一个实验室,他们请我给予指导。我无法离开法国回到祖国去,但是我非常高兴地答应了帮助组织新实验室的研究工作。1913 年,我的健康状况稍有好转,我回到华沙参加了实验室的落成仪式。同胞们把我当成亲人一样欢迎我,他们在那样一种困难的特殊政治环境下仍然成功地进行有益建设所表现出来的爱国热诚,给我留下了不可磨灭的记忆。

身体刚刚稍有好转,我就立即重新投入到在巴黎建设一个合格的实验室的工作当中。实验室终于在 1912 年建成,并开始工作。巴斯德研究所希望与这个实验室联合,于是根据巴黎大学校方的意思,决定建立一个镭研究所。这个研究所准备包括两个实验室,一个物理实验室和一个生物实验室。前者研究放射性元素的物理和化学特性，后者研究放射性元素的生物学和医学应用。然而，由于缺乏资金，建设工作进展缓慢，到1914年战争爆发时，这个镭研究所也没有完全建成。

第三章　大战时期的救护工作

1914年，一切似乎都同往年没有两样，我的两个女儿照常先于我离开巴黎到外地去度暑假。她们由一位我完全信赖的女家庭教师陪伴，住在布列塔尼（Brittany）海滨一所小房子里。那个地方还住有我们几位好朋友的亲属。我的工作太忙，通常都不可能同她们在一起度过整个假期。

7月的最后的几天，我正准备去布列塔尼与他们相聚，突然传来了一个很坏的政治消息，说是马上就要进行军事动员。显然，在这种情况下我不可能立即离开巴黎，我得观察事态的发展。8月1日发布动员令，紧接着就是德国对法国宣战。本来就不多的几位实验室工作人员和学生都响应动员走了，只剩下了我一人和一位技师,他因为患有严重的心脏病而不能参军。

接下来的历史事件是大家都知道的,然而,只有在1914 年 8 月和 9 月那些日子一直待在巴黎的人,才能够真正懂得这座首都的人民当时所显示的那种同仇敌忾和沉着应敌的勇气。很快,整个法国都动员起来,大批军队开赴边境去保卫国土。我们的全部神经都在关注来自前线的消息。

头几天的形势不太明朗,接着,形势变得越来越严峻。

首先是比利时遭受入侵,那个小国进行了英勇的抵抗。然后是德国军队沿着瓦兹河谷(the Valley of the Oise)向巴黎突进。不久,则是法国政府迁往波尔多(Bordeaux),随之是被遗弃的巴黎市民的大逃亡,他们不能或者不愿面对可能被德国占领的危险。火车严重超载,把大批的人运到乡下,他们大多属于比较富裕的阶层。然而,在那个灾难来临的 1914 年,从总体上说,巴黎人民沉着冷静,决心抗敌,给我留下了深刻印象。那年的 8 月末和 9 月初,天气格外晴朗,阳光灿烂,对于留下来的人来说,这座伟大的城市连同它那历史悠久的美丽建筑似乎显得尤其亲切和可爱。

当德国军队攻占巴黎的危险迫在眉睫的时候,我觉得我有责任保管好放在我实验室里的那些镭制品。我按照政府的指示将这些镭转移到了波尔多。我不想离开我的实验室太久,自己很快又返回到巴黎。我清楚地记得当我坐在一列载着政府人员和行李的火车行驶着离开巴黎时所看到的情景。在不远处的国道上,人们驾驶着汽车匆忙逃离这座首都,形成了一条移动的长龙。

火车在晚上才到达波尔多。我带着一个里面装着用铅屏蔽着的镭的沉重包裹,不知如何是好。我搬不动这个包裹,只好待在一个公共场所干等着。幸好有一位同乘一列火车到达的好心人,他是政府的职员,设法在一个公寓为我找到一个房间。当时,所有的旅馆全都超员住满了人。第二天上午,我赶紧把镭放到一个安全的地方,接着,颇费了一番周折,我搭上一列军用列车,于当天晚上就赶回巴黎。住在波尔多的那天夜里,我有机会与那里的人交谈了几句。他们很想从来自首都的人那里打探一些消息。我也注意到,当他们听到我非常自然地说起还要赶回巴黎时,既感到吃惊,又多少得到了一些宽慰。

返回巴黎的行程在途中耽搁了很长时间。火车在半道上停车，待在轨道上一连好几个小时一动不动。搭顺车的乘客只能从有食品供应的士兵那里分得很少一点面包。到了巴黎后，听说德国军队改变了行进方向，马恩河战役（the battle of the Marne）已经打响。

在那次重大战役激战期间，我和留在巴黎的居民一起体验了希望和焦虑混杂在一起的复杂心情。我一直担心，如果德国人占领了巴黎，我就将与我的两个孩子长久分离。可是，我觉得我必须坚守在自己的岗位上。马恩河战役结束，我们取得了胜利，被占领的紧迫危险解除。我终于可以让我的女儿从布列塔尼回到巴黎，继续她们的学习。当时，许多其他家庭的想法是最好远离前线，到乡下去躲避战火。我的两个孩子却不愿意离开我和她们的学业，坚持要留下来和我在一起。

每个人在那个时候的压倒一切的责任，是要尽自己的一切可能来帮助国家度过所面临的严重危机。政府并没有给大学的教职员提出过要做什么的要求，可是学校的每一个人都主动地积极行动起来。我也在考虑自己能够做些什么，希望把我的科学知识最有效地服务于国家。

在 1914 年 8 月接连发生的事情说明法国先前的防御准备是很不充分的。战争初期的混乱局面使公众尤其认识到，法国在医疗卫生方面的组织结构存在着严重缺陷。我也很关心这方面的问题，发现这是一个可以为法国尽自己责任的领域。我立即把绝大部分时间和精力投入到医疗服务，直到战争结束和其后一段时期。我的工作是为军队医院配置放射学诊断和放射学医疗设备。在那些艰难的战争岁月里，我在加紧研究战时医学迫切需要解决的一些难题的同时，还必须把我的实验室搬迁到新建的镭研究所里，并尽可能设法维持正常的教学。

大家都知道，X 射线为医生提供了一种特别有用的诊断疾病和创伤的手段。利用 X 射线透视可以发现和确定进入人体的弹片的位置，这对于取出弹片有很大帮助。X 射线还可以显示骨骼和内部组织受到的损伤，使医生能够知道人体内部损伤恢复的情况。在那场战争期间，X 射线的使用拯救了许多伤员的生命，还使许多人免除了长期伤痛的折磨。对于所有的受伤者，X 射线都提供了更多的康复机会。

可是,在战争初期,法国的军队卫生部门根本就没有放射学医疗设备,民间的也少得可怜,只有为数不多的几家大医院里才有,相关的专家也只是在大城市里有那么几个。在战争的头几个月里,全法国新建立了大量医院,在这些新医院里也照常没有使用 X 射线。

为了改变这种现状,我先是把实验室和库房里能够找到的那些仪器设备全部收集到一起,在 1914 年 8 月和 9 月建立了几个放射学诊断站,并由经过我培训的一些志愿者进行操作。这些放射学诊断站在马恩战役中发挥了很大的作用。这些放射学医疗站还不能满足分布在巴黎各处所有医院的需要,于是在红十字会的帮助下,我又组装了一辆 X 射线诊断车,那是用一辆旅游车改装的。车上有一套完整的放射学诊断设备,还有一台由汽车马达带动的发电机提供产生 X 射线所需要的电力。巴黎周围大大小小的医院都可以请求这辆诊断车赶去协助治疗。这种诊断车处理的大多是危重伤员,医院不可能把他们运送到较远的地方。

这项工作的初步结果表明,我还可以做更多的工作。要感谢社会各界的特别捐款,还有一个叫作“全国伤兵救援会"的救援委员会对我的帮助,我才有可能在相当大的程度上扩大我的计划规模。我在驻扎有法国和比利时军队的地区以及在法国的一些没有军队的地区建立起大约 200 个放射学诊断站,或者改善了那里的物质条件。此外,还充实了我的实验室的设备,并给军队送去了 20 辆 X 射线诊断车。许多乐于提供帮助的人,有的捐赠汽车,有的捐赠设备。这些诊断车为部队做出了很大贡献。

这些私人捐赠的设备在战争的头两年发挥了特别重要的作用,那时,连正规的军队医院都几乎看不到 X 射线诊断设备。这些由私人自发建立的诊断站的示范作用终于使人们越来越清楚地认识到了 X 射线诊断的重要性,后来,卫生部也陆续建立了不少 X 射线诊断机构。然而,部队的需求量非常大,所以,我与政府的合作一直持续到战争结束,甚至战后还延续了一段时间。

我个人是由于亲眼看到了救护站和医院有这方面的迫切需要,才得以坚持不懈地从事 X 射线诊断技术的推广工作。我要感谢红十字会的帮助和卫生部的许可,使我有机会到各个军事区和法国其他一些地方进行了多次实地考察。我曾经好几次到法国北部和比利时区域考察那里的战地救护站,到过亚眠(Amiens)、加来(Calais)、敦刻尔克(Dunkirk)、福尔内斯(Furnes)和波佩林赫(Poperinghe)。我还去过凡尔登(Verdun)、南锡(Nancy)、吕内维尔(Luneville)、贝尔福(Belfort)、贡比涅(Compiegne)和维勒-科特莱(Villers-Cotterets)。我曾经留在这些离前线较远地区的许多医院工作过。那里的工作非常紧张,没有其他人能够帮助我。我会永远记住那些宝贵经历,直到今天,我还保留着当时在困难中接受过我帮助的人寄来的感谢信。

一般说来,我的每次出行都是应外科医生的要求去协助他们工作。我会带着我个人使用的那辆 X 射线诊断车。这样,通过在医院亲自检查伤员,我可以知道那个地区有些什么特殊需要。回到巴黎后,我会设法搞到他们所需要的设备,然后尽快返回当地去安装这些设备。因为在大多数情况下,那里的人都不会安装。在那里,我会把设备交给我认为靠得住的人,再手把手地教会他们如何使用这些设备。通常,经过几天紧张的培训,选定的操作员便可以独立操作 X 射线诊断设备了,与此同时,也有大量的伤员接受了检查。那些同我一起工作的外科医生,通过实际诊断,也懂得了如何根据 X 射线的检查结果来判断伤情(那时的外科医生中很少有人懂得如何利用 X 射线的检查结果进行治疗)。我与他们在工作中建立的这种友好关系,使我后来推广 X 射线诊断的工作变得容易多了。

有几次,我的大女儿伊伦娜也陪着我一起到外地。她那时 17 岁,刚完成预科学习,正要升入巴黎大学深造。她一直希望自己能够为抗击敌人做些事情,学习了护理,也会操作 X 射线设备,在各种不同的场合都尽其所能帮助我。她曾在福尔内斯-伊珀尔(Furne-Ypres)前线,后来又在亚眠前线做战地救护工作,因工作出色多次得到过救护队的书面褒奖。战后还得到了一枚勋章。

那些年在战地医院的工作,给我女儿和我都留下了许多值得回忆的事情。那时的行路条件异常艰苦,我们常常会感到无法再继续前进,也不知道前面是否有住宿的地方和能否找到食物。然而,天无绝人之路,我们坚持不懈总有好报,还总能遇到好心人。每到一个地方,我都得亲自办理各种手续,拜访无数军官以申请通行证和请求将我携带的设备搭上军车。许多时候,我必须在雇来的搬运工的帮助下亲手把仪器设备送上火车,这样才能放心我的设备确实是被运到了前方,而不是留在车站继续等待许多天。到达目的地后,我还得亲自到货物堆积如山的车站去取回我的设备。

如果是乘坐 X 射线诊断车跑路,则又有许多其他的麻烦。比如说,我得找一个安全的停车地点,为我的助手们寻找住处,为汽车准备必要的零配件,等等。由于当时缺少司机,我还学会了开车,必要时就可以自己驾驶。由于我亲自在督促所有这些事情,尽管向中央卫生部提出的申请总是批复迟缓,而我的那些仪器设备通常都能够迅速运到目的地及时投入使用。军队的领导能够从我这里得到帮助,特别是解决了他们的紧急需求,都十分感激。

现在,我女儿和我每想起战地医院的那些工作人员,心中总是十分怀念,充满了感激之情。我们同那里的医生和护士相处得很好。所有的工作人员,不论男性还是女性,全都无私地竭尽全力为伤病员服务,而且经常是超负荷工作。我们的配合十分愉快,我女儿和我都受到了他们的献身精神的感染。我们是肩并肩一起战斗的战友。

当我们在比利时的战地医院工作的时候，几次遇到过比利时艾伯特国王（King Albert）和英国伊丽莎白女王（Queen Elizabeth）亲临视察，我们曾多次被引见。他们的那种献身精神和对伤员的关怀，以及平易近人的作风给我们留下了深刻的印象。

然而，最让我们感动的还是伤员们在与我们接触和接受检查时的那种非凡的表现，他们以坚韧的毅力忍受着巨大的痛苦。在进行 X 射线检查时不得不移动他们的身体，尽管这会增加他们的疼痛，可是每一个人都会尽力配合我们的检查。在检查过程中，你会很快与他们亲近起来，还能像朋友那样聊上几句。他们大多不了解 X 射线检查，希望知道这些新奇设备对他们的治疗有什么作用。

我也绝不会忘记战争对人类生命和健康的残忍破坏。我憎恨任何发动战争的想法，大概任何人只要看见一次我在那些年里曾经多次见到过的残酷场面，就会同我一样憎恨战争。一批又一批的人被抬送到战地医院来，身上满是泥土和鲜血，许多伤员受伤太重而死去，另一些伤员也要遭受好几个月的痛苦和折磨才能够慢慢痊愈。

那时要克服的困难很多,其中之一,是难以找到受过必要训练的助手来操作我的那些设备。战争之初,没有几个人懂得 X 射线,机器设备都是由一些生手操作,很容易损坏,不久就不能使用。事实上,大多数战地医院的 X 射线设备操作都比较简单,并不需要掌握多少医学知识。普通知识分子,只要有学习能力,有一点机电方面的知识,就可以很快学会。教授、工程师和大学生,更容易成为非常优秀的 X 射线诊断设备的操作员。我的困难在于,我只能到暂时还没有服兵役的人中或者驻扎在我所在地方的军队中去挑选我所需要的操作员。经常出现的情况是,我找来了合适的人,刚对他们进行了培训,军队一声命令就把这些操作员调走了。这样,我又得重新找人和重新进行培训。为了解决操作员的问题,我决定培训妇女来做这项工作。

我于是向卫生部建议,为伊迪丝-卡维尔医院(Edith-Cavell Hospital)刚建立的那个护士学校附设一个放射医学班。卫生部同意了我的建议。这样,镭研究所就在

1916 年开办了这个附属班,在战争结束前的几年总共培养了 150 名女性 X 射线诊断设备操作员。参加这个附属班的学生大多数原来只有初等教育的学历,但是毕业后都工作得很好。这个附属班的学习内容,包括了必要的理论课程和多方面的实际工作训练,也要学习一些解剖学知识。上课的老师不多,全都出于自愿,其中也有我的女儿。我们培养的学生在后来的工作岗位上表现出色,卫生部为此专门对我们进行了表扬。这个附属班定下的目标原本是把学生培养成医生的助手,然而事实上,他们中的一些人已经具备了独立工作的能力。

正是我在战争期间一直从事推广放射医学的工作,积累了多方面的经验,我对战时的放射医学有了比较广泛的认识。我觉得应该让公众对这方面的知识有更多的了解。于是我写了一本小册子,书名叫作《放射医学与战争》(*Radiology and the War*)。在这本书中,我用许多生动的事例介绍了放射医学的重要性,并将放射医学在战争时期的发展和它在以前和平时期的应用进行了比较。

下面,我再来介绍我在镭研究所里开展被称为镭疗的医疗服务的情况。

1915年,我那为了确保安全曾经暂时存放在波尔多的镭被运回巴黎。在那种紧张的战争环境当然不会有时间进行正常的科学研究。我决定,在确保不会丢失这种珍贵物质的前提下设法把它用于伤员治疗。我向医疗部门提供的不是镭本身,而是每间隔一定时间收集到的从镭散发出来的镭射气。

在比较大的专门实行镭疗的研究所,使用镭射气在技术上不会有什么困难,事实上,比起直接使用镭,在许多方面反而更加简便易行。可是,法国并没有国立的实行镭疗的专门机构,也没有医院使用过镭射气。我主动提出,我们可以定期向医疗机构提供装有镭射气的玻璃管。卫生部采纳了这个建议,并将这项服务取名为"镭射气供应站"。这项服务从1916年开始,一直进行到战争结束,此后还维持了一段时间。由于没有助手,在很长一段时间我都必须自己动手来制备这些镭射气玻璃管,这是一项非常精细的工作。许多伤员和病人,有军官和士兵,也有平民,都得到过这种玻璃管的治疗。

在巴黎遭受炮击的那些日子,卫生部采取了一些特

殊的防护措施,以确保制备镭射气玻璃管的实验室不会
被炮弹炸毁。同镭打交道很不安全(我有几次感到身体
不适,我判断就是经常处理镭的结果),我们采取了许多
措施来预防在制备镭射气玻璃管时镭射线有可能对人
体造成伤害。

战争期间,我的主要精力虽然是放在同医院有关的
工作上,同时,我也做了许多其他的事情。

1918 年,在德国的夏季攻势失败之后,我接受意大
利政府的邀请,去考察意大利的放射性物质天然资源。
我在那里停留了一个月,得到了不容置疑的结论,此后
放射性资源问题便开始得到意大利政府当局的重视。

1915 年,我把我的实验室搬到位于皮埃尔·居里路
新建的建筑物里。搬家是件非常令人头痛的麻烦事情,
何况我既没有钱,又不愿意别人帮助。我只好用我的 X
射线诊断车一趟又一趟地搬运实验室设备。然后,我还
得将运到新建筑的物品仔细分类,把它们安放在大致合
适的位置。后面这项工作我可以得到我的女儿和实验室
的一位技师的帮助,不过这位技师经常生病。

我关心的第一件事情是在实验室周围不大的空地

上植树,进行绿化。我认为,必须在春夏两季让眼睛看到新鲜的绿叶,这样可以使将来在新建筑物里工作的人感到心情愉快。我们见缝插针,种了一些欧椴树和悬铃树,还砌筑了几个花坛,种上了玫瑰。我清楚地记得,那天正好是巴黎被德国大炮轰击的第一天,我们一大早就赶到花市去买树买花,然后一整天都在忙于种植。这段时间就有一些炮弹掉落在实验室附近。

　　尽管有种种困难,我们终于还是在新的地点把实验室重新布置妥当。不久,军队开始复原,我的实验室正好为 1919—1920 学年的开学做好了准备。在 1919 年春天,我专门为来这里学习的一些美国士兵学生开设了几门课程,他们也以极大的兴趣在我女儿的指导下学习实际操作。

　　整个战争期间,我,还有其他许多人,差不多每天都是这样紧张忙碌,十分劳累。我几乎没有休息的日子,只是偶尔挤出几天时间在我两个女儿的假期去看望一下她们。我的大女儿即使学校放假也不肯休息,为了她的健康,我有时不得不强迫她离开我这里去休息一段时间。大女儿当时在巴黎大学继续她的学业,如前面所说,她同时还在帮助我进行支援前线的工作。小女儿坚持在读预备学校。在巴黎遭受炮击的日子,她们谁都不想离开巴黎。

四年多的战争造成了前所未有的破坏。在 1918 年秋天,经过艰难的恢复和平的谈判,总算签订了一份停战协定,尽管还不是一个全面持久的和平条约。法国终于结束了那段痛苦不堪的黑暗日子,得到了解脱。然而,黑暗刚刚过去,生活仍然十分艰苦,人们所期望的和平幸福生活还有待自己重新建设。

尽管如此,牺牲了大量生命终于取得的胜利成就了一件令我欢欣鼓舞的大事。那就是,出乎我的预料,我能够在活着的时候亲眼看到我的祖国波兰在亡国一个多世纪之后恢复了独立。我的祖国长期受到奴役,领土和人民被敌人瓜分。波兰人民在受到几乎看不到希望的长期压迫下始终保持了自己的民族气节,时时刻刻都在争取复兴。波兰人民怀抱的复国梦想似乎难以实现,然而,经过这场席卷欧洲的战争风暴之后最终变成了现实。我在这种新形势下回到了华沙,在这个自由波兰的首都再次同我的家人相聚。不过我也看到,在这个新的波兰共和国里生活条件是多么的艰苦,经过这么多年的不正常的生活,重建所面临的种种难题又是何其复杂!

法国的生命财产也受到了很大损失,战争造成的创伤并不是一两天就能够消除的,正常的工作秩序只能一点一点地恢复。科学实验室当然也是这种状况,我的镭研究所也不例外。

战争期间建立的各种放射医学组织有一部分并没有解散。附属于护士学校的那个放射医学班也根据卫生部的要求保留了下来。提供镭射气的服务不能停止,仍然继续进行,甚至还扩大了规模。这个服务站现在已经交给瑞格德(Regaud)博士管理,他是镭研究所巴斯德实验室的主任。镭射气服务站目前正在发展成为一个大型的国家镭疗机构。

实验室的工作,随着原来应征入伍的工作人员和学生陆续归来,逐渐恢复了正常。不过,国家在各方面的条件仍然比较困难,实验室由于缺乏设备和资金,进一步发展受到了限制。尤其是,我们没有一所独立的镭疗(在法国叫居里疗法)医院,也无法在巴黎城外建立一个实验站。我们希望能够在城外对大量材料进行实验以增进我们对放射性元素的了解。

　　这时我自己也已经不是年轻人了，我常常会问自己，依靠眼下的政府支持和一些私人捐助，我是否真的能够在我的有生之年为我的后来人建立起一所镭研究所。那是我最大的愿望，既是为了纪念皮埃尔·居里，也是为了人类的最高利益。

　　然而在1921年，我得到一件意想不到的珍贵礼物，极大地鼓舞了我的信心。在一位品格高尚的美国女性麦隆内夫人的倡议下，远在美洲的那个国家的妇女纷纷慷慨解囊，以基金（玛丽·居里镭基金）形式汇集到一笔不小的资金购买了1克镭，作为礼物送给我，完全由我支配用于科学研究。麦隆内夫人还邀请我携带两个女儿到美国去亲自接受这一礼物，并准备由美国总统在白宫亲手将捐赠证书递交给我。

　　这是一项公开向社会募集的基金，捐赠的数额可多可少，体现了美国姊妹们的深情厚谊，我真的十分感激。同年5月初，我们启程前往纽约，出发前，学校在巴黎歌剧院为我举行了隆重的欢送仪式。

　　在美国逗留的几个星期给我留下了非常美好的记

忆。在白宫举办的感人的证书颁发仪式上,哈丁总统用充满感情的真挚语言向我致辞。访问各个大学和学院,我受到了热烈欢迎,并被授予多个荣誉学位。在与公众聚会时,那些赶来与我会面的人给了我亲切的慰问和由衷的祝福。

我还有机会参观了尼亚加拉瀑布和大峡谷,大自然的神奇创造让我惊叹不已。

遗憾的是,我的健康状况时好时坏,使我无法按计划完成我的美国之行的所有安排。但是,我见到和学到了很多东西,我的两个女儿也满心欢喜地度过了一个她们不曾指望的最愉快的假期,她们为自己母亲的工作被人称赞而感到自豪。我们在6月底离开美国返回欧洲,不得不同那些我绝不会忘记的优秀朋友分别,我感到十分惆怅。

回到研究岗位,有了这些美国妇女捐赠的镭,工作更加顺利,我的干劲更足,决心将研究工作继续向前推进。然而,我制定的研究目标有时仍然会缺乏必要的资金支持。遇到这种情况,我不由得会思考一个根本性的问题,那就是,一个科学家应该如何看待自己的发现。

我的丈夫，还有我自己，一贯拒绝由于我们的发现而获得任何物质利益。从一开始，我们就毫无保留地公开了我们所使用的提炼镭的方法。我们没有申请专利，也没有保留从工业开发中取得利益的权利。我们没有隐藏镭提炼方法的任何细节，而且正是根据我们发表的论文所提供的资料，镭工业才得以迅速发展起来。事实上，直到现在，镭工业使用的提炼方法仍然是我们建立的方法，没有任何改变。从对矿物的处理到进行分级结晶，整套流程仍然同我在实验室中的做法完全一样，只不过提炼装置更大而已。

至于我的丈夫和我在头几年从我们搞到的铀矿渣中提取到的那些镭，我已经把它们全部捐献给了我的实验室。

镭的价格很高，这是由于它在矿物中的含量极小。然而生产者却能够获得丰厚的利润，这是由于它可以用来治疗许多种疾病。因此，我们放弃专利，允许无偿使用我们的发现，就等于牺牲了财富，而且是可以在我们之后留给孩子们的一大笔财富。事实上，许多朋友都反对我们放弃专利。他们不谈别的，只是劝告说，我们如果保留我们的专利权,就可以有资金建立一个相当不错的镭研究所,而不至于有当初我丈夫和我的那种窘迫,也不会有今天我进行研究所面临的这些我无法克服的困难。可是我仍然坚持认为,我们的决定是正确的。

诚然,人类需要一些注重实际的人,他们能够为了自己的利益而努力做好自己的事情,同时也没有忽略大众的利益。但是人类也需要理想主义者,他们无私地追求一个目标,如痴如醉,简直就无暇顾及自己个人的物质利益。这样的理想主义者当然不会成为富人,因为他们根本就不想要财富。不过我也认为,一个组织完善的社会似乎应该为这样的工作者提供进行有效劳动的必要的条件,让他们过一种不必为物质需要分心的生活,从而可以无牵挂地献身于科学研究事业。

第四章 访问美国

我的那次愉快的美国之行,大家知道,是由美国的一位品格高尚的妇女麦隆内夫人一手促成的。麦隆内夫人是美国一家著名妇女杂志《描述者》(*Delineator*)的总编辑,她发起一项由美国妇女向我捐赠 1 克镭的募捐活动,并在几个月内就达到了目的,于是邀请我到美国去亲自接受这份珍贵的礼物。

麦隆内夫人的想法是,这将是完全由美国妇女捐赠给我的礼物。由若干美国的杰出女性和著名男性科学家组成的一个委员会先直接接受那些金额较大的捐款,然后公开向广大美国妇女募集捐助。美国的各个妇女组织特别是大学生团体和俱乐部纷纷积极响应。有许多捐赠者本人就是镭疗法的受益者。麦隆内夫人以这种方式很快就募集到了十多万美元的"玛丽·居里镭基金",用它购买了 1 克镭。美国总统哈丁先生则十分乐意在白宫举行的捐赠仪式上亲手交给我这件礼物。

该委员会邀请我和我的两个女儿在 5 月访问美国。这不是我的假期,但是我还是经过巴黎大学同意接受了邀请。

旅途的一切都不用我费心。麦隆内夫人提前来到法国,先参加《万事通》(*Je Sais Tout*)杂志在 4 月 28 日召开的一个向巴黎镭研究所表示祝贺的会议,同时在会议上向美国人民的支持表达由衷的感谢。5 月 4 日,麦隆夫人带着我们在瑟堡港（Cherbourg）登上"奥林匹克号"轮船出发去纽约。

委员会为我的旅程安排的日程紧凑得让我吃惊。他们告诉我，我不仅要参加白宫的捐赠仪式，还要参观好些城市的大专院校。这些教育机构中有不少都提供过捐助，非常希望授予我荣誉头衔。美国人民精力旺盛，生性好动，因此也为我安排了一个接着一个的活动。另一方面，美国地域辽阔，美国人还养成了长途旅行的习惯。在全部旅程中，我得到无微不至的照顾，随行的美国人总是尽其所能来减轻我长途旅行和参加各种会见避免不了的劳累。美国不仅慷慨地欢迎了我，也使我结识了一些真正的朋友，他们的友好和热情令我难以忘怀。

轮船到达纽约，在海上远远望见这座港口城市的壮丽景象，我感到惊叹不已。上岸后，我受到了一群学生、女童子军（Girl Scouts）和波兰代表的热烈欢迎，还有许多女孩子向我献上鲜花。我们被安排住进了城里的一座宁静的公寓里。第二天，卡内基夫人在她漂亮的家中设午宴为我接风，在那里我认识了接待委员会的其他成员。卡内基夫人的家中摆放着不少怀念她丈夫安德鲁·卡内基的遗物，这位热心捐助的慈善家在法国早已是家喻户晓。接下来的几天，我们到距离纽约有几小时路程的史密斯女子学院（Smith College）和瓦萨女子学院（Vassar College）访问。以后，我还参观了布莱恩·莫尔女子学院（College of Bryn Mawr）和韦尔斯利女子学院（College of Wellesley），顺便也看了其他几所学校。

这些女子学院或大学都体现了美国生活和美国文化的典型特征。我的访问时间太短，自然不能对美国的教育做出大家都能认可的评价，但是我的确注意到了法国和美国这两个国家在女子教育观念上存在着重大差异，而且有些差异也许就是法国的不足。这其中我特别注意到两点：一是，美国教育十分关心学生的健康和身体素质的发展；二是让学生独立组织自己的生活，这当然更有利于培养学生的创新精神。

这些学院的建筑和组织都非常出色。每所学校都有好些栋建筑物，四周宽敞，房屋与房屋之间以草坪和树木间隔开来。史密斯女子学院坐落在一条美丽河流的旁边，生活设施舒适卫生，特别干净，配备有浴缸和淋浴,供应冷水和热水。学生们有自己的个人房间,也有进行交流的公共大厅。每所学校的文娱体育活动设施也很齐全。学生们可以打网球,打篮球,到健身房锻炼,还可以划船、游泳和骑马。有医务监督随时关照着她们的健康。大概是美国的母亲们认为,像纽约这样的大都市环境不利于女孩子的成长,远离市区的空旷乡村环境才更有利于她们的健康,也更有利于她们安心进行学习。

在每所学校,女孩子们都有自己的学生会,并选出一个委员会来制订学校的内部规章制度。学生们的热情很高,他们会参与到教育活动之中,还发行报纸,创作戏剧,并参加校内外的演出。我对这些戏剧的内容和排练很有兴趣。学生们来自不同的社会背景,许多人来自富裕家庭,也有许多人是靠奖学金生活。学生们组织这些活动是非常民主的。有少数学生来自国外,我见到的一些法国学生对她们在学校里的生活和学习都非常满意。

各个学院的学制都是四年,经常有考试。有些学生毕业后还会选择继续深造,考取博士学位。不过,她们的博士学位与法国的博士学位并不完全对等。学校有实验室,配备有许多很好的实验设备。

在访问期间,我看到的女孩子们总是那样欢快和生气勃勃,给我留下了深刻的印象。学校组织的欢迎我的仪式,有条不紊,秩序井然,颇有几分军队的作风。然而,从学生们唱出的专门为了欢迎我而创作的歌曲声中,我听出了火一般的青春热情和发自内心的欢乐。我见到的是一张张抑制不住兴奋心情的笑脸,看到的是许多欢呼着冲过草坪来迎接我的年轻人。那种感人的情景我至今难忘。

在去华盛顿之前,我们必须先回到纽约,我在那里还有好几项活动。这些活动,有化学家协会举行的午宴,有美国自然博物馆和矿物学家俱乐部召开的一个欢迎会,有社会科学研究所举行的正式宴会,还有在卡内基礼堂召开的有各所女子学院和大学派出的教师和学生代表参加的欢迎大会。在这些欢迎活动中,一些著名的杰出人物,有女性,也有男性,以热情洋溢的致词向我表达祝贺。我还被授予各种我认为必须珍视的荣誉,因为授予我这些荣誉的人是以此来表达他们发自内心的真挚情感。在美国访问期间,不同民族之间的友谊也没有被人忘记。副总统柯立芝(Coolidge)在他的致辞中,不仅高度赞扬了法国和波兰人民在历史上对年轻的美利坚合众国提供的帮助,也深情地回顾了在近年所经历的战争动乱中相互之间进一步得到增强的兄弟情谊。

在由知识界和社会人士营造的这种热烈友好的氛围中,5月20日在白宫举行了隆重的捐赠仪式。仪式程序十分简单,但却非常激动人心,体现了民主政体的特点。出席仪式的贵宾中有哈丁总统和夫人、内阁的官员、最高法院的法官、陆军和海军的高级军官、外国使节、各种妇女团体的代表以及华盛顿和其他城市的名流。在捐赠仪式上,先由法国大使朱塞昂(Jusserand)先生将我介绍给到会的人,接着是麦隆内夫人代表美国妇女的捐赠发言,哈丁总统的致辞,最后是我的简短谢辞。正式程序结束,我再分别同来宾一一握手表达谢意,大家一起拍摄纪念照片。所有这些活动都在美丽的白宫进行。在5月天气晴朗的下午,在视野开阔的绿色草坪之间矗立着一座晶莹洁白的建筑,使人感受到一种格外安详稳重和雍容高贵的气质。在这个捐赠仪式上,一个国家的最高首脑向我表达他的国家对我的那种珍贵无比的敬意，转达他的国家的人民对我的工作的慷慨无私的赞誉，我将终生难忘。

总统的致辞同副总统柯立芝的讲话一样充满了情感，也表达了对法国和波兰的敬意。他以极其郑重的表情和动作把礼物交在我手中，尤其加重了他在致辞中所表达的那份美国人民的真挚情感。

镭的发现在美国引起如此大的反响，不只是因为镭的科学价值和它的医学应用的重要性，还因为镭的发现者不求个人的任何物质利益，把这一发现毫无保留地贡献给了全人类。我的美国朋友要褒扬的正是这种推动着法国科学取得进步的崇高精神。

美国妇女所捐赠的那 1 克镭并没有带到当天的捐赠仪式上，总统交给我的是那件礼物的一个象征，一把用来开启装有镭的小匣子的金钥匙。

在举行过最重要的捐赠仪式之后，我们在华盛顿还逗留了几天，参加了法国大使馆和波兰公使馆举行的招待会和美国国立博物馆的招待会，并参观了一些实验室。

　　离开华盛顿后，我们继续旅行的路线是访问费城、匹兹堡、芝加哥、布法罗、波士顿和纽黑文等城市，并游览了大峡谷和尼亚加拉瀑布。一路走来，我成为多所大学的贵宾，并被授予好些荣誉学位。借此机会，我要感谢宾夕法尼亚、匹兹堡和芝加哥等地的大学，以及西北大学、哥伦比亚大学、耶鲁大学、宾夕法尼亚女子医学院、宾夕法尼亚大学、史密斯女子学院和韦尔斯利女子学院给我的这种荣誉，同时，也要感谢哈佛大学对我的款待。

　　美国大学颁发荣誉学位是一件非常严肃的事情，原则上都要求被授予荣誉学位的人出席，而且通常是在每一年的毕业典礼上颁发。不过，授予我的荣誉学位，有几次是专门举行的仪式。美国大学里举行的各种仪式要比法国大学多，在学校生活中所起的作用也更大。每年一次的毕业典礼更是隆重，通常是先在校园里进行学术游行。参加游行的有学校的领导，有教授，有穿戴着学位帽和学位袍服的毕业生。游行过后，大家才聚集在礼堂里，在那里宣读获得学士、硕士、博士文凭的学生名单。毕业典礼总会有音乐烘托，还会有学校领导或者特别邀请的名人的演讲。演讲的内容通常都是阐发教育的理念和教育关注人性的目的,好像也不反对来一点美国式的幽默。从总体上说,这些仪式都能给人留下非常深刻的印象,有助于维系学校和毕业校友之间的感情联系。这种与社会的联系对于美国的那些完全靠私人基金维持的著名大学当然十分重要。只是最近几年,美国的大多数州才有了由州政府支持的州立大学。

在耶鲁大学,我有幸代表巴黎大学参加了安格尔(J. R. Angell)校长的就职典礼,他是该校的第十四任校长。我还高兴地在费城出席了一个由美国哲学学会召开的会议和一个由美国医生协会召开的一个会议。在芝加哥参加美国化学学会的一个会议时,我做了一个关于镭的发现的报告。这三个学会分别向我颁发了约翰·斯考特奖章(Medals of John Scott)、本杰明·弗兰克林奖章(Medals of Benjamin Franklin)和维拉得·吉布斯奖章(Medals of Willard Gibbs)。

美国妇女团体为我组织的几个集会引起了美国公众的极大兴趣。前面我已经提到过在纽约卡内基礼堂举行的那个大学妇女的集会,此后在芝加哥也举行过类似的集会,在那里我还被波兰妇女协会吸收为成员。另外,在匹兹堡的卡内基研究所有几个妇女团体,在布法罗有一个加拿大的大学妇女代表团,也都向我表示了她们的敬意。在所有这些集会上,我深切地感受到了那些向我表达她们最美好祝愿的妇女们的真诚,同时,她们也表示出对于女性在未来知识领域和社会活动中的地位充满了信心。妇女们的这种要求男女平等的愿望和男性自愿担负更多责任的看法,在这两者之间我察觉不到有任何对立。据我的观察,美国男性对于妇女们的这种愿望也是同情的,而且给予了支持。这为美国妇女参加社会活动提供了十分有利的条件。美国妇女最关心的是教育、卫生、改善劳动条件等事情。但是,其他任何一项不图私利的活动也都有可能得到她们的支持,麦隆内夫人计划的成功,以及这个计划得到了社会各阶层妇女热烈响应,就是证明。

　　非常遗憾的是,我参观实验室和科研机构的时间太少。不过,即使对这些地方只进行走马观花式的匆忙访问,我也抱有极大的兴趣。凡是我访问过的地方,我都发现我的美国同行十分重视提高科学研究的活力和改进他们的研究设备。我看到,新的实验室正在建设之中,而老的实验室也增添了非常现代化的设备。我进去过的实验室,房间都很宽敞,绝对没有在法国经常会感觉到地方狭窄的局促印象。研究设备和资金都是私人以各种形式的捐赠和通过各种基金会主动提供的。有一个叫作全国研究委员会的机构,那也是由私人提供的资金建立的,宗旨是促进和改善科学研究工作,并推动科学研究与工业界的联系。

我还怀着特别大的兴趣参观了美国的标准局,那是位于华盛顿的一个非常重要的国家科学机构,专门进行科学测量和从事同科学测量有关的研究工作。美国妇女赠送给我的那1克装在管子里的镭就放在这个机构里。标准局的官员主动对那1克镭进行了测量,然后仔细包装,替我把它送到了船上。

华盛顿新建了一个实验室,专门从事在液氢和液氦的极低温度条件下的研究。我十分荣幸地受邀主持了这个实验室的启用仪式。

最令我高兴的是,在我参观的那几个实验室里,我见到了几位非常重要的美国科学家。同他们在一起的那几小时，是我美国之行最美好的时光之一。

　　美国拥有好几家可以进行镭疗的医院。这些医院一般都有附属的实验室收集镭射气，把它们密封在小玻璃管内供医疗使用。这些医院都拥有足够数量的镭和非常好的设备，能够为大量病人进行治疗。我参观过其中的几家医院，深受触动，也可以说为法国的状况感到遗憾，因为在法国还没有一个国家医疗机构能够提供类似的医疗服务。我希望法国能在不久的将来弥补上这个缺憾。

　　镭工业最开始出现在法国，但却是在美国才得到快速发展，因为美国拥有充足的钒钾铀矿石。① 我以极大的兴趣参观了最大的一家镭工厂，在那里我非常高兴地理解了什么叫作敬业精神。这家工厂有一套纪录电影胶片，在这部电影中，你可以看到工人们每天都在科罗拉多无边的旷野上收集分散的矿石，把它们集中起来，然后将其中所含有的微量镭加以浓缩。不过我也注意到，这家工厂提炼镭所使用的方法仍然是我在前面章节

---

　　①　美国在安佛尔斯特（Anverst）附近正在建设一个大的生产镭的工厂。

中曾经介绍过的那些方法。

在参观镭工厂和实验室时,我受到了殷勤接待。参观一家生产新钍(钍的两种放射性生成物之一)的工厂,我也受到了盛情接待。工厂送给我一些材料,那里的官员还表示愿意协助我的科学研究工作。

要让读者对我的美国之行获得一个完整的印象,也许我还应该谈一下美国的自然风光。然而,这对于我实在是一个大难题。展现在我眼前的美国,地域辽阔,丰富多彩,我真是无法用三言两语来表达这个美丽的国家给我留下的说不尽的感受。我的总印象是,这是一个未来有着无限前景的国家。尼亚加拉的大瀑布和五彩缤纷的大峡谷,至今仍然清晰地好似就在我的眼前。

6月28日,我在纽约港登上了不到两个月前把我带到美国的那同一艘轮船。毕竟逗留的时间太短,我无法对美国和对美国人民做出什么评论。我只能说,我和我的两个女儿所到之处受到的热情接待使我深受感动。我们的主人尽了最大努力希望我们不会感到是身处异乡,同时,许多美国朋友为了消除我们的不安,说他们在法国,感受到的也全是真挚的友情。我心怀感激之情带着美国妇女的珍贵礼物回到法国,相互间的支持把两个国家紧密地连在一起。这种心心相连增强了我对人类将有一个和平未来的信心。

下 篇

学习资源

Learning Resources

扩展阅读

数字课程

思考题

阅读笔记

扩展阅读

书　名：居里夫人文选（全译本）

作　者：[法]玛丽·居里　著

译　者：胡圣荣　周荃　译　王鸣阳　校

出版社：北京大学出版社

全译本目录

数字课程

请扫描"科学元典"微信公众号二维码，收听音频。

思考题

1. 居里夫人选择物质的放射性作为她的研究课题和博士论文选题,她当时是怎么考虑的?

2. 居里夫人从沥青铀矿中分离出放射性物质,用了什么科学方法?

3. 美国新闻工作者麦隆内夫人为什么要号召美国妇女捐款为居里夫人购买1克镭?

4. 在居里夫人所处的时代,社会对女科学家有什么样的偏见?你如何看待这些偏见?

5. 居里夫人是一个只会埋头做研究的"书呆子"吗？除
   了做研究,她还有哪些事迹给你留下了深刻的印象？

6. 1903 年,居里夫妇获得诺贝尔物理学奖。1911 年,居
   里夫人获得诺贝尔化学奖。1935 年,约里奥-居里夫
   妇(居里夫人的大女儿和大女婿)获得诺贝尔化学
   奖。1965 年,亨利·拉布伊斯(居里夫人小女儿艾
   芙·居里的丈夫)以联合国儿童基金会总干事的身
   份接受诺贝尔和平奖。请阅读《居里夫人文选》完整
   版(北京大学出版社 2010 年版)并查阅相关资料,了
   解他们的获奖原因。你如何看待居里家族多次荣获
   诺贝尔奖这一现象？

7. 居里夫人在法国留学工作后,加入了法国籍,在法国
   从事科学研究,是否意味着她不爱她的祖国波兰？
   谈谈你对"科学无国界,科学家有祖国"这句话的
   理解。

8. 居里夫人曾说:"诚然,人类需要一些注重实际的人,他们能够为了自己的利益而努力做好自己的事情,同时也没有忽略大众的利益。但是人类也需要理想主义者,他们无私地追求一个目标,如痴如醉,简直就无暇顾及自己个人的物质利益。这样的理想主义者当然不会成为富人,因为他们根本就不想要财富。"请结合当前的社会现象,谈谈你对"这样的理想主义者"的看法。

9. 从居里夫人的人生经历中,你学到了哪些你认为最有价值的东西?

10. 居里夫人的文笔朴素、清新、自然、真诚,她写的《居里传》和《自传》也是很好的文学作品。请认真阅读,仔细体会居里夫人的这种文风。

阅读笔记

科学元典丛书

已出书目